U0335674

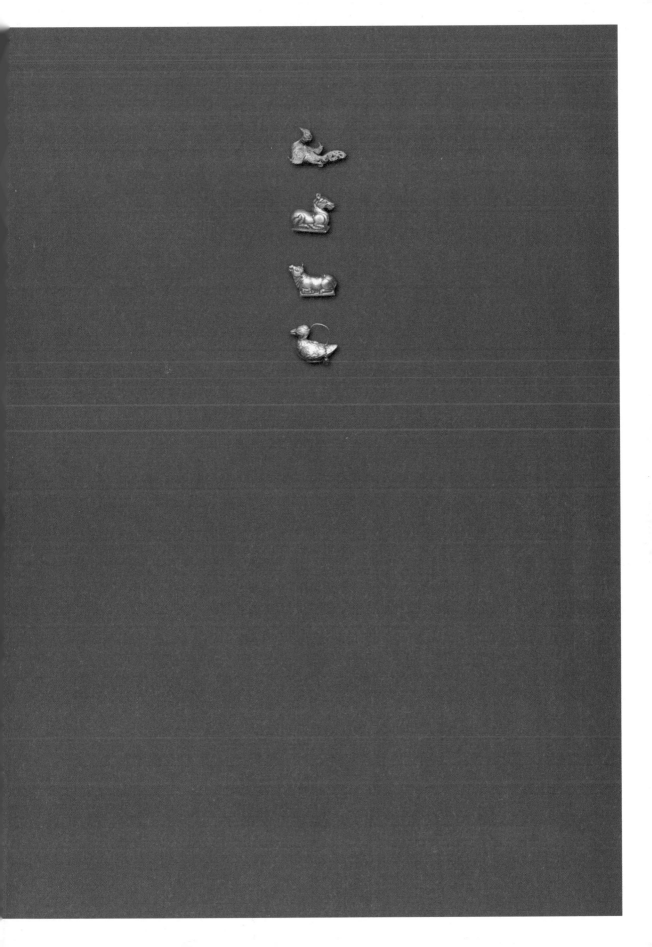

大美青海文化旅游系列丛书

程起骏 著

瀚海天堂

hanhaitiantangchaidamu

柴达木

青海人民出版社

图书在版编目（CIP）数据

瀚海天堂·柴达木 / 程起骏著. — 西宁：青海人
民出版社, 2013.12 （2017.5 重印）
ISBN 978-7-225-04704-1

Ⅰ. ①瀚… Ⅱ. ①程… Ⅲ. ①柴达木盆地—概况
Ⅳ. ①P942.447.5

中国版本图书馆 CIP 数据核字(2013)第 315231 号

瀚海天堂·柴达木

程起骏　著

出 版 人	樊原成	
出版发行	青海人民出版社有限责任公司	
	西宁市同仁路 10 号　邮编:810001　电话:(0971)6143426(总编室)	
发行热线	(0971)6143516／6137731	
印　　刷	陕西龙山海天艺术印务有限公司	
经　　销	新华书店	
开　　本	787mm×1092mm　1/16	
印　　张	11	
字　　数	90 千	
图　　幅	182	
版　　次	2014 年 4 月第 1 版　2017 年 5 月第 2 次印刷	
书　　号	ISBN 978-7-225-04704-1	
定　　价	32.00 元	

目录 CONTENTS

目录 CONTENTS

都兰

格尔木

乌兰

天峻

目录
CONTENTS

西部三镇

导读:全景柴达木

柴达木是中国四大盆地之一。总面积24万多平方公里,是青海省海西蒙古族藏族自治州的主体境域,故也是海西州的代称。

盆地被昆仑、祁连两大山系环围,雪山万重,奇峰绵延,景象雄浑;进入盆地,是一派浩荡无际的大莽原。其间有戈壁流沙,湖泊湿地,芳草无穷,花满天涯,生机勃勃,天地如画。

春满昆仑

全景柴达木扫描

　　这是一方古老的土地，早在 2.3 万年前，就有先民们在此地生息繁衍，至今在格尔木河畔，留有大量精美的旧石器和新石器时代的遗存，距今 2.3 万 ~1 万年。由此证明，在青海乃至青藏高原，最为久远的古人类遗址在柴达木盆地；伟大的昆仑西王母神话，即缘于昆仑山而生化。远古的西王母石刻像和石室至今依稀可辨；人文始祖黄帝制《咸池之乐》于茶卡，《庄子》有记；西周前期，古羌人在这里创造了灿烂的诺木洪文化，遗址遍布盆地；汉代以来，柴达木盆地成为与中原西域的交通要道，古羌中道、丝绸南道、唐蕃古道，横穿全境；自汉代开始，匈奴、汉族、吐谷浑、吐蕃、党项、回鹘、蒙古族相继进入盆地，与原居民羌族和睦相处。他们立马昆仑，穿越祁连，纵横大漠，风起云涌，相互帮扶，家园共建，文明同创，代代相传，在柴达木这个巨大的舞台上，演绎了几多轰轰烈烈的历史大剧，沉积了厚重无比的文化遗存，文物万千，灿若星河！

　　柴达木得天独厚，在广袤无际的胸怀中，蕴藏着难以量化的矿产、风能、土地、生物、气象资源。其类别之全，储量之大，列世界前茅，成为名副其实的"聚宝盆"。

　　时逢盛世，柴达木迎来了大开发、大发展的春天，其场面之壮阔、精神之激昂、意义之重大、影响之深远，可谓空前。国务院已

昆仑雪山的儿女们

将柴达木列为全国首批 13 个循环经济实验产业园之一。这可是全国面积最大、资源储备最为雄厚、发展前景最为看好的国家级产业园，是真正意义上的天下第一园！

有容乃大，柴达木盆地以昆仑、祁连为双臂，欢迎五湖四海、国内国外的有志者，前来盆地拼搏创业，大展宏图。柴达木古老而奇特的古文化，雄浑壮丽的大好河山，都在殷殷地向您致意。让我们沿着西风古道，登昆仑玄圃、入大漠秘境，寻觅先祖们散落在山宗水母中的脚印，一揽天地秀色，江山万里……

全国第一循环经济指挥中心
——德令哈

明朝末年，蒙古族传奇人物顾实汗率三万铁骑从新疆起程，向海西进发。相传，在一个初秋的早晨，太阳刚刚爬上山顶，顾实汗骑着火龙宝马，来到了今德令哈市东头的那个小山口上，唯见眼前无边无际的大草原，被晨光照耀得金光灿灿，似由黄金铺成。大汗惊喜莫名，举双手高呼："伟大的长生天引领我们来到了阿勒坦德令哈（黄金的原野）！"德令哈这个地名由此而生。

巴音河，蒙古语为"富饶的河"之意。巴音河从北面的祁连山系浩荡南下，将德令哈市一分为二。河的两边都是平坦而广阔的冲积平原，水足地肥。经过几代人的勤劳造就了一个广大的绿色世界，于是密林翠色把德令哈市包裹得严严实实。

当你步入市区，举目四望，满目青翠，绿色回报给你的是快意和清爽。那摆在房前屋后、窗口阳台上的花盆，那机关店铺前的花畦，花儿开得烂漫如火。

这万绿丛中的姹紫嫣红，会叫你精神振奋，给你留下深刻的印象。

在青海，这是一座最年轻、发展最快的城市。新中国成立前，这里只是柯鲁王爷的一片牧场，几十户人家，一些破旧的蒙古包，和王爷拥有的其他牧地没有什么不一样的地方。在历史的长河里，几十年不过是一朵小小的浪花。但是一座十多万人口的现代化城市，已在昔日的荒野上拔地而起，成为青海省的第三大城市，是柴达木的心脏。在这里你会感受到柴达木循环经济体脉搏跳动的声响，如春雷滚滚，

灯火辉煌中的德令哈市民族团结塔

传之四方。

德令哈市的城市建设，很有特色。无论东西走向的青新路、德新路、建国路，还是南北走向的人民路、团结路、昆仑路，都很宽敞且笔直，道旁都有高大整齐又茂密的行道树。道路两旁都有清清的溪水日夜流淌，每条路都是浓荫铺地的林荫大道，在这样的道路上行走，真像在公园中散步，十分地惬意，是一种享受。

全市有大小园林八处，各有千秋，在节假日、在清晨傍晚，这里的游人络绎不绝，成为人们休闲度假的好去处。城东北角的体育场园林，是全市八处园林之一，当你登上雄伟的民族团结塔上四望，全市风光尽收眼底。极目远眺，是无边无际的田野、绿树、草原和苍苍茫茫的金色大戈壁。天地间，被一种宁静祥和的氛围所笼罩。

巴音河夜景

德令哈市中心花园雕塑

世界上辖区最大的城市
——格尔木

　　格尔木市是青海省的第二大城市。辖区面积 123 460 平方公里，就面积而言，是中国最大的城市。格尔木，蒙古语"河流密集之地"。其实，密集的不只是河流，这里更是一方拥有无量矿产、油气、生物、土地、气象资源，充满财富和机遇、活力无限的风水宝地。格尔木还拥有厚重的文化积淀。在格尔木河上游，发现了距今 2.3 万年至 1 万年前的古人类活动遗址，出土了大批旧石器、新石器遗存，这可是青海乃至青藏高原人类最早的繁衍生息之地。

　　格尔木市背靠巍巍昆仑，面向浩瀚大漠，人文自然景观富集，奇秘而独有。据专家调查，在全国 10 大类、95 种基本旅游资源中，格尔木占有其中的 8 个大类、57 种，被国家定为 4A 级旅游景区。其中独家拥有的著名品牌有："各拉丹冬冰川"、"神秘的可可西里国家自然保护区"、"盐湖文化大观"、"昆仑寻根问祖"、"西王母瑶池石室"、"玉虚峰玉珠峰探险登山"、"野牛沟岩画长廊"、"托拉海胡杨林"、"8.1 级大地震遗址"、"登昆仑观神泉"等等，这里的景观雄浑大气，直追远古，与中华文明的初始有着十分密切的关联，体现了大

格尔木火车站

美青海的无限魅力。

　　格尔木是一座现代化的文明城市。荣获"中国优秀旅游城市"、"全国军民共建社会主义精神文明先进集体"、"全国双拥模范城"等荣誉称号。格尔木有着完善的旅游设施和周到的服务，得到了国内外旅游观光者们的一致好评。

　　格尔木市的夜晚温馨浪漫。华灯初上时，那高架于马路上的形象各异的巨型广告灯箱，一排连着一排，与街道两边闪烁万变的霓虹灯争奇斗艳，形成一条条七彩迷幻的光的隧道和灯的长河，此时的格尔木市就成了"火树银花不夜城"。各类游乐场所、餐厅、街心花园，都是高朋满座，笑语不断，乐声如潮。你会真切地感受到，这座年轻城市所焕发出的无限活力和强劲脉动，你也会被这弥漫于夜空的热烈气氛所深深感染。

　　如果从远处看格尔木市的夜景，十分壮观。一片漫漫无垠的灯的海洋，把城市照映得无比瑰丽、辉煌。天上的繁星与地上的华灯浑然一体，分不清哪个是星，哪个是灯。你会觉得那是九天的银河，辉辉煌煌倾泻而下，无声的浪潮正在向你奔涌。

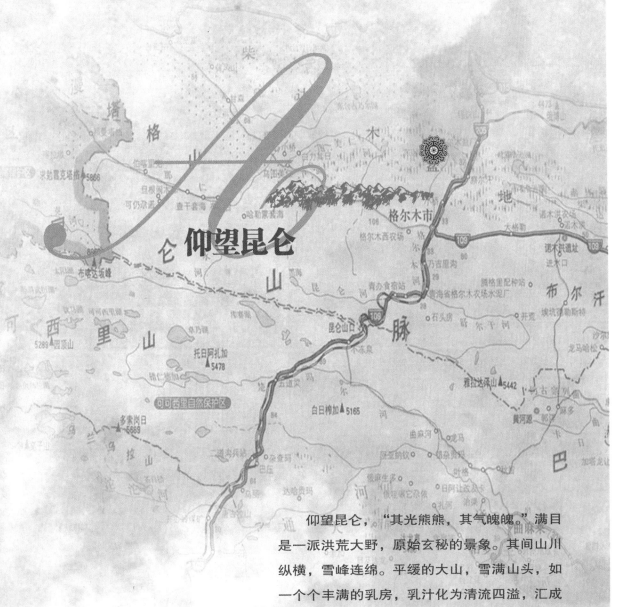

仰望昆仑

仰望昆仑，"其光熊熊，其气魄魄。"满目是一派洪荒大野，原始玄秘的景象。其间山川纵横，雪峰连绵。平缓的大山，雪满山头，如一个个丰满的乳房，乳汁化为清流四溢，汇成滚滚江河，哺育着中华大地；峥嵘的群峰，如琼楼玉宇，连天接地，似为诸神的殿堂，西王母的仙宫；山坡沟谷之中，有苍松翠柏，幽兰吐芳，清纯如梦。时有天风吹来，始觉昆仑千秋雪的凛凛。

巍巍昆仑，实乃中华万山之祖，众水之源，中华文化的发祥地。

往事:
西王母的身影——野牛沟岩画

野牛沟在格尔木市郭勒木德乡西 80 公里处的昆仑深山中。在四道梁的南坡上，有一排排高低错落的青色岩石，从远处看，好似一段荒废倾圮的古城墙，岩画就刻在这些岩石上。岩画共有 5 组，45 幅画面，180 个形象。这些岩画以十分简练的艺术手法，描绘出先民们祭祀、狩猎、放牧、驯养、舞蹈等多种生产生活场景，丰富多彩。各组画既自成一体，又相互关联，组成了一条远古人类生活的画廊，其中以西王母岩画最为醒目。

画面中一身穿长袍、头冠戴胜、面目和善的青年妇女，左手举一鸟，右悬日月；服饰奇特，气势不凡。《山海经》记："有大山，名曰昆仑之丘……有人戴胜、虎齿、有豹尾、穴处，名曰西王母。"又记"其南有三青鸟，为西王母取食。"早在殷商之时西王母就声名远扬。老子、庄子的著作中都多次提到西王母，又西王母与黄帝、尧、舜的传说很多。但从商到汉初，西王母的外貌有过三次重大的变化。大致是西王母由一个原始部落的酋长到虎齿豹尾的大王兼大巫，再到"天资掩蔼，容貌绝世"的女神。著名的岩画学者汤惠生先生用微蚀法测定，此画成于 3200 年前。因此，这幅画画得可能就是"虎齿豹尾"前的西王母。总之，这幅画的价值非同凡响，绝无仅有。

中华第一西王母像（3200 年前）

都兰县巴哈莫力吐谷浑岩画中的神秘大象图

人文：

白云深处有人家——野牦牛的亲密邻居

这是一次登临"悬圃"的感受。"昆仑之丘，或上倍之，是谓凉风之山，登之而不死；或上倍之，是谓悬圃，登之乃灵，能使风雨。"《淮南子·地形训》

一百多年前，著名的俄国探险家普尔热瓦尔斯基所著的《荒原的召唤》一书中写道："秀沟是童话的世界"。从他的记述中可以看出秀沟是一处神秘美丽的地方，这使我产生了无限向往之情。秀沟在东昆仑中段是都兰县辖区。1984年，我终于有机会跟随都兰县委书记宽太加一起前往秀沟。

盛夏的一天，由诺木洪乡公社书记尕里森同志做向导，我们驾车驶向秀沟。从左边的车窗遥望天边的昆仑山，心中充满着一种莫名的激动。秀沟在昆仑山之顶，最低海拔4 000米。当汽车开始向昆仑山顶部攀援而上时，使人觉得似向蓝天深处升腾。路上突遇一阵雷雨，便有千奇百怪的云团在我们的四周舒卷变幻，或如瑶台玉楼从大海中升起，或如宝马香车来而又去。若丝如絮的水雾从车窗悄然而入，似有却无。空气特别清爽，此时此刻，大家都有了一种身入霄汉、飘飘欲仙的感觉。在一片浑然朦胧中，不知过了多少时候，眼前豁然开朗，晴空万里如洗，阳光灿烂，绿草茵茵。原来，

车已驶出了白云仙乡。展现在眼前的是一坦坦荡荡的亘古大荒原。回首来路，唯见云低路遥，柴达木盆地模糊难辨，惟余莽莽。

秀沟，蒙古语为"金漏子"之意。它不是一条秀丽的山沟，而是一长约百公里，宽有50多公里的高山牧场。这里到处都被细而密的牧草所覆盖，无穷的绿色，纤尘不染，犹如铺到天涯的绿色地毯；雪河由东向西蜿蜒流淌，自由自在的在这片翡翠般的净土上绘出了一幅圣洁的宝蓝色云纹图，这是自然的大写意。清澈的河水中，成群的银色小鱼在映入水中的云间游来游去，细细的鳞片闪烁着银光，全不理会我们的张望。

秀沟，是昆仑的一段脊梁，巍然无比，宽广无垠。遥望四周天边，有群峰环列，削壁千仞，色彩各异，气象峥嵘。使人不由地想起了昆

银装素裹的秀沟

仑神话中的神仙、灵兽，这些峰峦绝壁可能就是他们出入栖居之地；西南群山中，有一山峰兀然矗立，穿云摩天，通体碧青如玉而又有着青铜的厚重。猛看，如一把蓝森森、凛凛然，锐利无比的长剑，倚天而立，令人敬畏。细观之，才发现这山峰整体的线条十分优美，伟岸傲然中透着柔和。峰顶上闪烁着千年不化的皑皑白雪，酷似一位头顶白色毡帽、身披蓝色长袍的智慧长者，在默默地俯视着大地万物，面对我们这几个凡夫俗子，也显得十分和蔼可亲。在这寂静的原始荒原中，头顶深蓝色的苍穹，面对着这神奇灵秀的通天奇峰，心灵被深深地震撼，时空也如凝止，一种圣洁、肃穆的感触从心田升起，始觉人的渺小和大自然的伟大。

一问尕里森，方知这就是昆仑东端第二高峰，赫赫有名的雅拉达泽山巴尔布哈峰，海拔 5 214 米。我想，这很像晋人张华《昆仑铜柱铭》中所描写的："昆仑之柱，其大如天。圆周如削，肤体美焉。"

尕里森是一位壮实憨厚的蒙古族中年汉子。年轻时，也曾是一位很有名气的猎人。在路上，他多次提到秀沟的野牦牛。他说，在

昆仑雪山下藏野驴逍遥自在

独行在天地间的野牦牛

20世纪50年代，昆仑山的野牦牛成千上万，现在很少了，但在秀沟还栖息着两群野牦牛。在我们的要求下，他答应带我们去看野牦牛。汽车驶入了一座大山的阴坡。一条冰川从巴尔布哈峰脚下漫涣而出。巨大的冰舌，远看像一把银色的巨扇。走近了，才看清那冰舌更像是突然凝结了的波涛，其势汹汹地覆盖在沟壑和山冈上。午后的太阳照在缎子一样纯洁的雪原上，反射出千万点宝石般的光芒，而背阴处的雪沉静得就像入了梦乡，散发着淡淡的幽光。由于冰川的滋润，冰缘四周的牧草特别茂盛，好像在一个无边的碧玉盘中，托起了一座圣洁的白玉山。

越野车沿着一碧如洗的冰川边缘，向巴尔布哈峰方向缓缓行驶。突然看见，在山冈上临风而立着一头野驴。全身映衬在白云蓝天中，宛如一幅清寂淡远的古画卷。荒原的微风，从车窗轻轻地吹拂着我们的脸颊，是那样的温柔。车中，尕里森给我们继续讲述野牦牛的故事。昆仑山的牧人们说，野牦牛是雪山的守护神，它威镇群兽，能带来吉

威风八面的雄性野牦
牛——国家一级保护
动物

昆仑山中的岩羊将爱
巢筑在千仞绝壁上

祥和丰收。在大雪封山之时，野兽和家畜都会陷入饥饿的绝境，而这时，牧人们会追寻野牦牛的踪迹。原因是野牦牛用它那锐如钢斧的巨蹄刨开冰冻的厚雪啃食牧草，这会使跟之而来的白唇鹿等野生动物和家畜可以随野牦牛吃到救命的食物。那野牦牛拉出的粪便，如一座座绿色的小山，也被盘羊、白唇鹿和牛羊视为冰天雪地中的美食。而且，凡被野牦牛踏过的雪地，冰雪最先融化，牧草能早早显露。尕里森认为人们把野牦牛驯化为家牦牛，并不是特别久远的事。在交配季节，昆仑山的雄野牦牛还常跑到家牦牛群中找对象谈情说爱。总会有那么几头春情勃发，不守群规的家养牦牛，跟它的意中"情郎"私奔而去，从此不再回头。但多数的母牛会怀着野牦牛的爱情结晶返回群中，生下特别健壮，野性十足，个头猛增的后代。藏族牧民称之为"中察"，即"野牛之子"。他们会给家养牛群增添新的血液，使整个牛群得以复壮。谁家的牛群被野牦牛光顾过，会被认为是件好事。

　　汽车驶入一条十分隐蔽的山沟，尕里森停下车。他说，野牦牛就在前面不远处。他领我们悄悄登上一个山崖，并按他的要求爬在地上观望。前面是一道断崖，对岸又是冰川，视野十分开阔。这时看到在200多米处，有一群野牦牛散开在雪原上。有的在刨雪觅食，有的卧在雪中闭目养神，一共有51头。这时，我们发现有一头特别雄健的公牛，正在静静地傲视着我们。两支巨大的犄角擎天而起，虽然有一条深涧隔阻，但我们依然能够感到它那逼人的气势。用望远镜一看，更使人心慌意乱，那凶悍威猛的眼神近在咫尺，好像马上就要冲过来。虽然尕里森再三叮嘱我们，不用怕，这只是一头负责守望的公牛，它不会主动攻击人，但我们大家心中还是诚惶诚恐。

　　突然，那头公牛开始用前蹄猛烈地刨踏雪地，并掀起了那如轮的

荒原中——一头母野牦牛在呼唤它失去的儿女

大尾巴。这可能是对我们和野牛群发出的一种警告。野牛群突然向雪山的岬口奋力奔去，由于坡度非常陡，大片的积雪顺着山坡滑落，哗啦啦如一道雪的瀑布涌下山坡。那守望者对我们狠狠地甩了一下犄角，才跟在牛群之后上了岬口。

这一幕十分壮观，雪原又恢复了平静。我们每个人的心中都感受到一种从未有过的激动。因为我们终于见识了雪山的守护神！

秀沟有 50 多户蒙古族牧民，他们十分热情好客。一路上，不断有牧民邀请我们去家中做客。这天我们去了一个叫斯德的牧人家中，他 40 多岁，宽阔的脸上满是真诚的笑容。虽说斯德家在 50 公里以外，但他再三讲，路只有"一点点"。盛情难却，我们便同意到他家去做客。

黄昏的太阳在西边山头上缓缓滚动。虽然有满天的云锦，但群山渐转苍翠，淡淡的青色暮霭，从山谷沟脑中渐渐弥漫开来，一切都沉没在深沉的寂静中。极远处有一缕炊烟，从山梁背后孤独地升起，如一根灰白色的线，直上青天，最后隐没于玫瑰色的天幕里。

那里就是斯德的家。

斯德家的毡房宽大整洁，布置考究。女主人用一个直径足有一米的大铜盘盛肉。盘内堆放的肉像一座山，香味扑鼻，还没等主人让客，我的口水已从舌底涌出，真有点不好意思。这"肉山"的顶上，是一块色如奶油的大胸叉骨，这是最好吃的部位。我们每人用藏刀削了一块肉吃了起来，异口同声地赞美这牛胸叉骨的肥美。一直在旁边照料茶水，不大出声的女主人笑着用汉语说："这是羊胸叉骨。" "哟！羊胸叉怎么会有这么大？"斯德说，这里牧草的"劲"大，所以牛羊都能上实膘。满口牙的羯羊宰出100多斤的肉是平常事。所以，每年都有盆地里的牧人来这里买种畜。真没想到，昆仑山的牧草竟有这种神力！这秀沟可真是一把巨大而神奇的金漏子。

斟满美酒的青花龙碗在我们手中传来传去，酒满了再满，谈兴越来越浓。从牲畜作价归户后，牧业连续多年的丰收，谈到牧民观念的转变，新时尚的追求，每家都有六位数的储蓄，勾画出白云深处人家的富裕和幸福。

是夜，我披衣走出毡房，见北斗低垂，疏星点点。如水的月光倾泻在漫漫山野，表里澄澈，如玉田万顷。白日所见的那些层峦叠嶂，

昆仑深处的牧人

昆仑神山孕育了无数湖泊

悬崖绝壁，此时都显得神秘朦胧、浑浑沌沌，恍若瑶台仙阁、玉宇金阙；或如灵兽静卧、怪鸟欲飞；又像仙人入禅，隐士悟道。此时，千山万岭都入了梦乡。夜色沉沉，天地空灵，唯有那碧海青天中的一轮素月在深情地望着我。昆仑之月格外明亮，望着她，我的情感被月色溶化，灵魂已经升腾，心在九天，神游八荒，似梦还醒，我觉得心灵已登上了"悬圃"。意识流自由自在地游走于昆仑群山之中。此刻，时空与我同在。似有奇妙的旋律在心中涌动。我仿佛听到了昆仑远古的物语：西王母的啸声和着仙女翩翩起舞时的环佩叮当声；小草在春风中细语，全不顾野牦牛威猛的喘息；牧羊人在酣醉中放歌，唱不尽昨天、今天和明天……啊！这飘飘渺渺、荡荡默默的妙音，合奏出一曲"昆仑山头月最明"的黄钟大吕。

景点：

仰望昆仑

　　莽莽昆仑，横空出世，屹立于亚洲的心脏，撑起了青藏高原。西起帕米尔高原，其势如万千巨龙奔腾，起伏东去，地跨五省，气接云贵。

　　仰望昆仑，"其光熊熊，其气魄魄。"满目是一派洪荒大野、原始玄秘的景象。其间山川纵横，雪峰连绵。平缓的大山，如一个个丰满的乳房，乳汁化为清流四溢，汇成滚滚江河，哺育着中华大地；峥嵯的群峰，如琼楼玉宇，连天接地，似为诸神的殿堂，西王母的仙宫；山坡沟谷之中，有苍松翠柏，幽兰吐芳，清沌如梦。时有天风吹来，始觉昆仑千秋雪的凛凛。

此时此刻，无论你是谁，都会感知到一种来自远古的气息，在不知不觉中，浸润着你的心田，敬畏之情油然而生。

四角羊*，古籍中的瑞兽

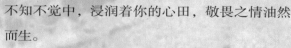

★《宋书·吐谷浑传》记："拾寅（吐谷浑12世国王）通使于宋，献四角羊。"时间为公元461年，距今1550余年了。这只四角羊发现于都兰东昆仑山中，乃拾寅可汗的故地。

"赫赫我祖，来之昆仑"，这是炎黄子孙们的共识。中华民族的人文始祖炎黄二帝出之昆仑山系，与昆仑有着不解的缘份。起于三代的传说和先秦典籍中，所记中华创世之神伏羲、女娲、黄帝等，都与昆仑关系密切。昆仑山为百神所居，而西王母为昆仑之主神。于是便产生以西王母为核心的昆仑神话系列，如后羿射日、精卫填海、夸父追日、赤师行雨、嫦娥奔月、刑天舞干戚、共工触不周山等；昆仑神话中还有众多的怪神、巫觋、异兽、神木、灵花、瑶草、佳禾、美玉、奇石，万物皆有，千奇百怪，令人匪夷所思。

周穆王西巡与西王母结盟，成为国人皆知的千古佳话。上述神话传说与史实，气贯天地，脉通古今，纵横万里。演绎的是中华民族不屈不挠、勇于创造、自强不息、宽容仁厚的民族品格和民族精神。

"万物亦有"是昆仑的又一禀赋，也是古人对昆仑的深度认知。现实中的昆仑为万宝聚集之山。昆仑出美玉，名传千古；昆仑之黄金，开采千年而不竭。处于青海的东昆仑，不少地方因盛产黄金而得名：如"黄金台"、"黄金湖"、"金子海"等。特别是都兰境内的昆仑，已探明黄金储备量达百吨，是西部黄金资源第二大集中分布地，被地质学家命名为"昆仑金腰带"。此外，昆仑山还埋藏着大量的已知财富和未知的宝藏。昆仑山的千山万岭中，还生存着大批珍稀的野生动植物，是一个巨大的野生动植物园，其生态价值更是难以估量。可以毫不夸张地说，昆仑山是上苍赐予中华民族的一座大宝库。

芳草无穷更在斜阳处——夏日昆仑高山牧场

　　从古到今，昆仑亦为中华各族人民共同向往的神圣之宝山。有一首古老的歌谣，表达着民族的心声：

　　在蓝天之中央，在大地之心脏，立着万山之王。
　　山头高耸入云，雪峰环围千重，雪原上鲜花怒放。
　　啊啦啦，这是什么地方？
　　江河从这里流出，土地净洁如宝镜。
　　人人心底存仁厚，老少英勇谁能挡？
　　辽阔的山川大地，骏马可随意奔驰。
　　啊啦啦，这是神的昆仑。

　　仰望昆仑，就是仰望中华民族的精神家园。

远眺玉虚峰

　　玉虚峰屹立在昆仑的雪野大荒中，海拔5 933米，是昆仑山系中最美丽、最神秘、最神圣的一座山峰。夏日，时有白云环峰飘拂，黛青色的峰顶时隐时现；冬日，则素面朝天，冰清玉洁，四周有较低的山峰拱卫，使玉虚峰显得更加孤立傲世，卓越不凡，确有一种强大的吸引力。

　　很久以前，道教就认昆仑山为祖庭，是至尊之神西王母仙居之所。所以，有关西王母的很多故事就是从昆仑山和玉虚峰说起。从古到今，都有虔诚的道教信徒，不畏艰险，千里迢迢奔向昆仑山，朝拜玉虚峰，因此《道藏》对玉虚峰早有描述："玉虚寥廓，浩月灿然，雪浪翻腾，金蟆吐耀"。把月光下玉虚峰的寂寥、冷峻、明澈、静中有动的美，表达得淋漓尽致。道家还认为道教的最高经典《道藏》就秘藏在昆仑山中。昔日，黄帝上峨嵋山，见天皇真人于玉堂。请问真一之道藏，天皇真人曰："此道家之至重。其经上帝秘在昆仑山中，五域之内，藏以玉函，刻以金札，封以紫泥，印以中章。"并说此经就藏在玉虚峰的玉虚洞中。

　　诗曰："高山仰止，景行行止。虽不能至，心向往之。"我多年生活在昆仑山下，对玉虚峰向往已久，直到1992年，才有机会走近玉虚峰下。始知这玉虚峰被冰雪环围，到处是冰壁、冰沟、冰洞、冰丘，还有无尽的冰涛。虽是三伏之天，但这里却是寒气逼人。据

玉虚仙子的领地

说，那美艳无比的玉虚仙子就住在玉虚峰顶上。看来，是她布下了冰雪混元阵，叫我们这些凡夫俗子不得靠近。我们只好在两公里之外，遥拜玉虚峰了。峰顶如一顶镶满万千钻石的王冠，银光闪烁。"王冠"下的山坡覆盖着昆仑千秋雪。那景象透出几多的神秘、几多的迷茫。

玉虚峰高不可攀，但地处玉虚峰山坡上的玉虚洞，人人可以去得，相传这玉虚洞就是西王母巡视四方时住的洞府之一，即名载《山海经》中的"王母石室"。古籍中有关王母石室的神话故事颇多。如说昆仑上仙赤松子原为神农时掌管行雨的雨师，因长期服用昆仑玉制成的"昆玉散"，练就了能随风上天，随雨入地，烈火不焚，金刚不坏之身。他每次到昆仑山，就到玉虚洞中拜访西王母，盘桓叙谈，友情甚笃；又说姜子牙未发迹前，曾入昆仑，拜元始天尊学道。并在玉虚洞中养过伤病。

神话中的玉虚洞在虚无飘渺之中。现实中的玉虚洞坐落在一段阴坡之上。洞前的山坡上细草如茵，山花烂漫，进入洞中，见四壁如削，不见赤松子的遗迹，也无子牙魂魄入定的病榻。但仍觉古意苍凉，徐徐清风慰人心怀。席地而坐，闭目养神，渐觉心静如水，一种回归自然、返璞归真的情感油然而生。

登临玉珠峰

位于格尔木市南 180 公里处的玉珠峰是东昆仑的最高峰之一，海拔 6 178 米，蒙古语叫"可可赛极门"，意为"坦荡的青山"。我曾两次到过玉珠峰之下，看着它被雪峰拱卫，似一颗巨大浑圆的宝珠，高

浑圆如宝珠的玉珠峰

贵晶莹；又像是一尊巨大的玉佛，庄严伟岸。这山峰似有一种不可抗拒的诱惑，它使我产生了一登绝顶的强烈愿望，但两次都是匆匆一瞥，心愿难了。

　　1997 年的夏天，一个不期而遇的机会，使我登上玉珠峰的愿望得以实现。

　　天麻麻亮，我们一行四人，在蒙古族向导松巴的引导下，踏上了登山之路。群山还被蒙胧的晨曦笼罩着，但头顶上的蓝天如洗，不一会儿，太阳跳出了山头，那一个个雪峰立刻被照耀得"金碧辉煌"，这情景撼人心魂；满眼是无限的生机，脚下的茵茵绿草，有露珠闪烁不定；时有一点点、一丛丛的野花，不时对我莞尔一笑，叫人心动。这野草闲花伴我们一直到山腰，使我情不自禁萌生了一种与众花仙子相逢在群玉山头、相知在瑶台月下的情怀。

　　在登山的路上，我心存征服大自然的强烈愿望，"不到长城非好汉"的壮志豪情。但是当我们汗流浃背，气喘如牛，经过 5 个小时的攀登，终于到达峰顶时，心绪转归平淡。放眼四望，是无边的辽阔，脚下的群峰低首无语，似合掌致意；远处的雪山含笑盈盈，蓝天由我伸手抚摸，白云在我耳边悄悄倾诉，我与大自然是如此之亲近，是一种从未有过的亲密接触；我与大山的情感在无语中交流，此时此刻，恨相见之晚，是千年等一回的缘分，何论征服，何必征服？此时，我的心田中，涌动着屈原先生的千古绝唱：

> 与汝游兮九河，冲风起兮横波。
> 乘水车兮荷盖，驾两龙兮骖螭。
> 登昆仑兮四望，心飞扬兮浩荡。

这是一次超脱红尘的逍遥游，一次终生难忘的人生体验。

现在玉珠峰已成为中国登山协会青海分会的训练基地，专业的、业余的登山爱好者都可以在此一显身手。玉珠峰正在张开她的玉臂，欢迎海内外登山的健儿秀女，领略她的万种风情。

昆仑瑶池

距格尔木市 250 公里的昆仑深山里，有一个美丽而神秘的湖，这就是神话传说中的西王母瑶池。湖的水面约 60 平方公里，最深处 107 米，湖水碧绿，纤尘不染。四周青山隐隐，白云悠悠，时有天鹅、仙鹤、麻鸭各类珍禽在湖面上盘旋起舞，鸣声如歌。其时山色、白雪、群鸟共一湖，似一幅水天寂寥的画卷。

史载：西周第五代君王名姬满，即周穆王。他十分倾慕西王母。便命大臣造父制宝辇，驾上心爱的八匹千里马，不远万里，渡黄河、

碧波荡漾的西王母瑶池

翻日月山，直奔昆仑。西王母在昆
仑瑶池之岸边，设盛宴款待中原天
子。客尊主雅，二位君王互诉衷
肠，各表心意，愿世代友好相处，
永结同心。这则故事反映的是中华
民族数千年来，中原汉族和西部少
数民族之间亲情无间，世代友好的
历史。

　　湖岸有一古雕楼式的平台，
成为海内外炎黄子孙寻根问祖的祭
祀台，也是道教昆仑派信徒们拜祭
西王母的道场。

神泉之水喷涌万年

"昆仑神泉"的美丽传说

从格尔木市沿青藏公路去昆仑山口旅游，要经过一个叫纳赤台的景点，这里因有一眼清泉而被很多人所熟知。路过此处的人都会在这里停留，并且品尝甘甜清冽的天然矿泉水。

当我们赶到纳赤台"昆仑神泉"时，发现已有许多人在泉边开怀畅饮。汩汩的泉水被一座亭子保护着，后面有一通石碑，上面刻着"昆仑神泉"四个字。来到泉边，看到已有准备好的水瓢，盛上泉水喝一口，便有了醍醐灌顶的感觉。

"纳赤"系藏语，意为"沼泽中的台地"。神泉四周由花石板砌成多边形的图案，中央一股清泉从池中喷涌而出，形成一个晶莹透亮的蘑菇花朵，又将无数片碧玉花瓣抛向四周，似无声四溅的碎玉，落入一泓清池，又汩汩地从池边溢出。

"昆仑神泉"泉水冷冽、清澈，虽处在海拔 3 540 米高寒地区，但一年四季从不会封冻，为昆仑山中第一个不冻泉。这里水量大而稳定，每秒可达 224.7 升，矿化度小于 0.5 克／每升，并含有对人体有益的微量元素和气体。

《禹本纪》中记载："河出昆仑，其高三千五百里……其上有玉泉，华池。"另传当年文成公主进藏时行至此地，送亲和迎亲的大队人马劳顿而又遇烟瘴，人人口渴如焚，人马卧地不起，黄尘扑面，风沙如刀，队伍惊恐惶惶。此时，迎亲大臣禄东赞连忙晋见公主。言此山为赤雪甲姆（西王母）所居，可祈祷平安。公主闻言下了凤辇，跪地祷告西王母保佑。公主的诚心感天，突然，有一清泉从地下喷出，高有百丈，其形如大海中涌出的宝相莲花，祥光万道，有珍珠般的彩云缭绕回护。风沙尘暴随之平息，烟瘴四散。大队人马无不欢呼雀跃，争相畅饮神泉之水，顿觉神清气爽，立即护驾起程。欢天喜地地一口气就翻过了昆仑山口。行前，文成公主亲呈西王母宝像于泉前，叩谢其佑护之恩。从此，纳赤神泉的名字就这样传开了。于是，便有多少天涯孤客、商贾戍卒、香客僧尼在青藏路上掐指算时，奔赴神泉，心怀虔诚，伏下身来喝一口神泉之水，洗去路尘，满怀感激之情，又踏上迢迢千里路。

生活在昆仑山中的蒙古族和藏族同胞，代代相传，认为此泉之水有治疗百病之功效，能像太阳一样给人以生命和力量。所以，蒙古族同胞又将此泉叫作太阳泉。

珠帘玉台

昆仑山 8.1 级大地震遗址

　　地震，特别是大的地震发生时，天崩地裂，山呼海啸，给人类带来灾害。这是大自然前行的脚步，人类无法阻挡。但地震留下的踪迹，却是造化留在大地上的特别信息。完整的地震遗迹是一种科学资源，有着十分重要的科研价值。地震遗迹景象奇异而神秘，充满着无穷的张力，观之令人惊心动魄。因此，还能起到科普教育、观赏旅游的功效，成为一种独特的旅游资源。

　　2001 年 11 月 14 日，在青藏高原北部的可可西里无人区发生了8.1 级的特大地震，地震中心在青藏交界处的布喀达坂峰附近。在一瞬间，大自然用它无形的巨手，沿着昆仑山南缘撕开了一条长 450公里的地震裂带，造就了青藏高原上又一大自然景观。

　　一是裂缝。无论是山坡、台地、河道、冲积扇等各种地貌地质，均被无量的力一刀切开，切成宽度数十厘米至十多米的深沟，地质坚硬的地方深不见底。

　　二是造成了很多地震鼓包地带。鼓包大小不等，高度 1～3 米，宽为数米至 10 多米，最长可达 140 余米。

　　三是具有典型的水平错动标志。可看到一系列冲沟按逆时针方向的左旋位错。

　　四是沿地震地表破裂带，可看到史前大地震留下的上述形态。即太古地震遗迹，这是非常难得的景观。

　　地震为人们展示了大自然极为强大的力量，有着极

高的科研价值。这是迄今中国唯一、世界罕见、保存最为完整的大地震遗迹，是一部人类认知自然的巨书。现在这个遗址已由国家投资，修建为中国第一家大地震博物馆。

昆仑山口的感悟

　　昆仑山口处在东西昆仑中部的分水岭上，海拔4 771米，是青藏公路上最高的山口之一，山口旁竖立着一块昆仑巨石，上书"昆仑山口"四个朱红大字。

　　一个冬日的上午，我第一次来到了这个著名的山口。从这里纵目远望，东西昆仑尽收眼底。昆仑主脉绵延千里，山口以南万水汇入长江。无论东西南北，满目是茫茫苍苍、无边无垠的冰雪世界。是一片混沌、坦荡而永恒的寂静，我的思绪好像融入了一个清纯的梦境。那一道道山峰银装素裹，气势峥嵘，好像是在雪海中飞腾的万千玉龙。那西边的玉虚峰，东面的玉珠峰，隐约可辨，似一双玉人含情脉脉，注视着从这山口匆匆而过的百代过客。

　　独立于这万古寂寥的山口，似有一种莫名之力，将我的灵魂托起，向无限的空间扩散。生命已化为无量细细的雪花，无声无息，飘飘荡荡地融入了这无边的雪野。我的心灵早已和昆仑的魂魄融为一体。在万籁俱寂中，我仿佛听到了雪山在旷野中细语，溪水在山谷中吟唱，小草在雪被中呢喃，雪水在百尺坚冰下吵吵嚷嚷，呼唤着又一个春天来临。这可是生命永恒之歌，这也是昆仑万年的叮咛。

一阵凛冽的罡风卷着阵阵笑语打破了我的梦境。山口处停下一辆大巴，从中涌出了一群游客。有老有少，还有四位碧眼金发的老外，他们先是静静地环顾着四周，表情从茫然转为惊喜。突然间，一个个大声呼喊起来，不停地向远处的群山雪峰挥着手，好像同时发现了那里有他们多年没见的兄弟姐妹似的。突然，他们唱起了歌："是谁带来远古的呼唤，是谁留下了千年的祈盼……"他们的激情也感染了我，情不自禁，我也加入了这个"昆仑合唱团"。虽然由于高山缺氧，唱得有些吃力，但这些来自五湖四海、素昧平生的朋友们，唱得如痴如醉，唱得心花怒放。

下山的路上，我又望了一眼那山口石碑，心中有了一种异样的情绪。往事如梦似烟，我曾见识过华山之险、黄山之奇、巫山之云、雁荡之雾，每一个山都给我以美的享受。但昆仑山给我的是一种"力"的感受。古籍载："昆仑为万山之祖，元气之所出。"我寻思这"元气"就是昆仑所独具的精神魅力。

茫茫昆仑气盖洪荒——昆仑诸神的殿堂隐藏其中

无极龙凤宫内景

民间：

无极龙凤宫

　　昆仑无极龙凤宫，距格尔木市区 110 公里。宫内供奉着道教三圣母，即西王母、九天玄女、鸿钧师祖，还有姜子牙骑四不像的雕像。姜子牙白须铺胸，眉宇间透着威严睿智，眼神中又露着慈祥随和。

　　为什么在昆仑山中雕塑姜子牙像？原来民间故事流传，经《封神榜》一书的渲染，姜子牙得道昆仑的故事，更是人人皆知。

天人合一的无极龙凤宫

　　据传，姜子牙 32 岁入昆仑山，拜在原始天尊门下学道。72 岁时，奉天尊之命下山，辅佐周武王伐纣，与闻太师大战于西岐。闻太师斗不过姜子牙，便从东海金鳌岛请来十天君，摆下"十绝阵"。其中有姚天君的"落魂阵"，只用几天就将姜子牙的三魂七魄收去了二魂六魄，姜子牙死于相府。唯有一魂一魄，心念昆仑山，随风飘飘荡荡，如絮飞腾来到昆仑山。恰逢南极仙翁骑鹿巡山，见状大惊，忙将姜子牙魂魄导至玉虚洞，作法定住。然后请赤精子到大罗宫玄都洞，费很大周折，求得太上老君太极图才打破"落魂阵"。姜子牙魂魄归窍，将星不落，统率三军，浩浩荡荡杀向朝歌，奠定了周朝八百年的江山基业。如此看来，周王朝的建立与昆仑山有着颇深的渊源，是先秦历史的一种折射。

　　由于姜子牙是上古时代铲除暴君殷纣王的大英雄，又是受天帝之命分封诸神的司命，因此，到昆仑山朝拜、观光的人，大多要来此一游。

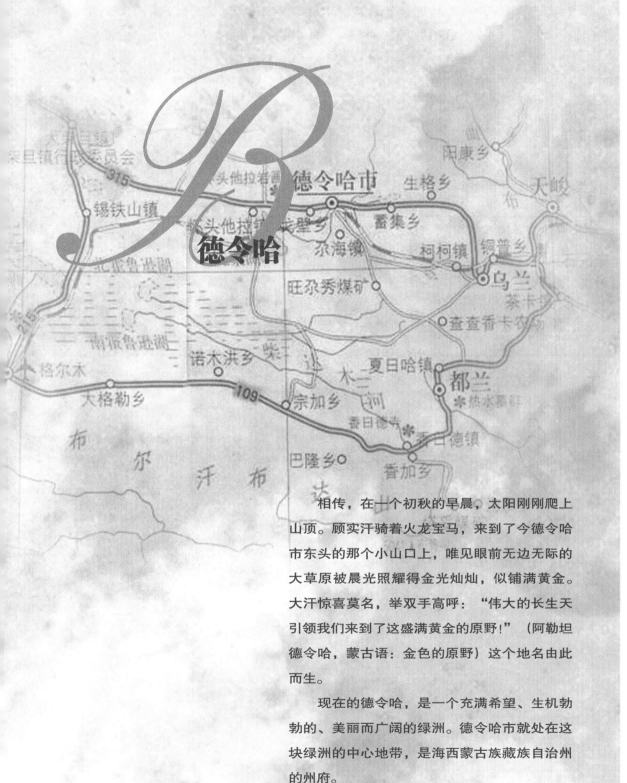

德令哈

B

相传，在一个初秋的早晨，太阳刚刚爬上山顶。顾实汗骑着火龙宝马，来到了今德令哈市东头的那个小山口上，唯见眼前无边无际的大草原被晨光照耀得金光灿灿，似铺满黄金。大汗惊喜莫名，举双手高呼："伟大的长生天引领我们来到了这盛满黄金的原野！"（阿勒坦德令哈，蒙古语：金色的原野）这个地名由此而生。

现在的德令哈，是一个充满希望、生机勃勃的、美丽而广阔的绿洲。德令哈市就处在这块绿洲的中心地带，是海西蒙古族藏族自治州的州府。

往事：
先民们绚丽多彩的生活画卷

2002年8月，在青海省海西蒙古族藏族自治州德令哈市郭里木乡的巴音河畔，考古工作者发掘了两座古墓。出土棺木三具，棺板上有精美的彩绘图画。内容丰富多彩，蕴含极为深厚；画工高超，风格独特。有的画面惊世骇俗，堪称青海考古史上绝无仅有的奇画。

弓如霹雳箭如星

棺板画从左向右展开。映入眼帘的第一组画为狩猎图。画面左下方有三只向西奔跑如飞的鹿，后面紧追一骑马的年轻猎人，手挽雕弓如满月，箭如流星穿长云。最下方的一只鹿已被射中左心窝，受伤之鹿跟跄而逃，欲倒未倒之态十分传神。左上方为三位骑马的

猎人正在追逐着两头狂奔的野牦牛。野牦牛凶犟无比，如两团掠地
而起的黑云；猎人们身手矫健，如三只疾飞的鹰隼，紧追不舍。右
边的一头野牛已被射中要害，故牛头做反顾之状。一只猎犬从旁跃
起，拦住了伤牛的路，前方还有一猎人在奔驰中返身而射。猎人们

骑姿威武潇洒，神情专注而自信，看来这次围猎大获全胜已成定局。

这一组狩猎图画面紧张激烈，扣人心弦。观画者无不被那极度紧张的气氛所感染，仿佛身临其境。特别是那五位身跨"青海骢"千里驹的猎人，"左盘右射红尘中，鹘入鸦群有谁敌"的英雄气概，给人以极强烈的视觉冲击。

狩猎是人类社会最原始、最基本的生产生活方式，因此成为中外古岩画、墓葬画的重要内容。而曾经在柴达木盆地生活过的羌、吐谷浑、吐蕃、匈奴、回鹘等民族原本都是善于骑射的民族，而所属疆域内野生动物资源极为丰富，成为人们生活和支持战争的重要资源。在这样的大环境中，养成了各民族骁勇善战、娴于骑射、以牺牲自我为荣的民族性格。骑射也就成了各民族男子的必修课，而骑射的技能高低与一个人的社会地位有着紧密的联系。这组棺板画从一个侧面反映了这方面的历史事实。

驼铃万里入梦来

棺板画的第二组为行商图。一昂首阔步的健驼向东而行，驼鞍上摞放着高高的货物，从外形看极可能是丝绸锦缎。鞍后还搭有一长方形的货箱，里面装的可能就是见于史书的胡王金钏、玛瑙金钟，来自欧洲的金玉器皿及近年都兰古墓出土的粟特*银器。骆驼之前有四位骑士，呈警戒扇形行进。骆驼之后紧随一位骑士。这几位骑手鞍鞯鲜丽，身着有饰边的长袍，腰系宽带，悬箭筒，头披幂或戴帽，服饰鞍鞯各自有所不同，可能是地位有别之故。其中走在驼前的两位骑手帽子和领口很特殊，极可能就是商队中的胡商。这几位骑士肩负一个共同的责任，就是保卫商队的安全。画面上第二顶大帐前有二人躬身迎接商队的到来。此组画以象征的手法，反映了商队的庞大、行旅的艰难、财富的丰盈。

中国历史上的丝绸南道即"青海道"经久不衰，成为南北朝至唐代时期最繁荣的国际贸易通道之一。这幅行商图十分形象而集中

★粟特是一个古老的民族。公元3~8世纪生活在中西亚的两河流域，建立了一些城邦国。善做金银器，精美绝伦，又善经商，足迹遍布世界。在中国的长安、洛阳等大城市都有粟特人的社团，由中国皇帝任命的"萨保"管理。粟特人对中国古代东西方交流作出过重大贡献。

地反映了商人们跋涉万里，开拓丝绸青海道以及丰富多彩的上层社会生活。同时也点出了德令哈地区在丝绸南道上的重要地位。

大漠野宴气如虹

第三组为宴乐图。居画之中心，场面宏大，气势如虹。以明快逼真的手法，再现了墓主人生前的一个生活场景。此组画中共有 17 个人像，其中有名王、巨商及墓主人夫妇。左有七位贵族或富商，随意盘坐在锦垫之上，开怀畅饮。其中的头一位已不胜酒力，开始呕吐。第三人投以责怪的目光。其前有一个人高举大筚篥仰天吹奏。其乐曲可能就是有名的《西凉乐》。此乐器和乐曲在北魏时期由中亚的粟特人传至柴达木，再传到汉地，成为风靡一个时代的名乐曲，影响甚广。前面本应还有乐队的其他成员，可惜已漫漶无痕，只留一含笑静听的女士头像。但也可以使人体会到"此曲只应天上有"的意蕴。紧挨着的画面是两顶相连的百子大帐，大帐绣帘高卷，帐内一男士头戴螺形高帽，神态持重，正与一位穿戴华贵、气质淑雅的女子亲切对酌，此二位应为墓主人夫妇。帐门右，有一男士正在甩袖试衣，大概是帐中主人赐予了他一件新的长袍。帐门左，一妇女执坛侍酒。帐门前有一男士正举巨觥与人对饮。后立三位侍宴之人，可见，这一位的身份仅次于主人。整个画面气氛热烈，突出了墓主人及亲朋在蓝天白云之下、芳草无涯的原野上宴饮游乐的景象。

弯弓射牛祭天地

第五组画在右上方，一头肥硕的白色牦牛被拴在粗大的木桩上，左旁是一位头戴螺形大帽、蓄八字胡须、身着华服、气宇轩昂的中年男子，站在织有云纹的地毯之上，手挽雕弓对准了牛心窝，引而欲发，极富动感。后面站一美丽的女孩，手拿弓箭，看来自己要射第二箭。牛前有四位衣着有别、发式不同的妇女，站成一排，参加祭天、祭祖

的盛大仪式。其中一女端着盘子，上置三只酒杯，另一女正在斟酒。先民们敬畏天地祖宗，每年都要进行多次的大型祭祀活动，场面十分宏大热烈。

塞上女儿面如月

第六幅画在右下角，一排站定六位贵妇。她们身着款式不同的袍服，除一位抄手而立外，其余都袖长及地。内衣领口卷起，衣边、袖边均有宽大华丽的饰纹；发式各自不同，一人披头巾；中间那位

妇女的身份更似高贵，浓发上盘后束，额头至两鬓饰珠贝宝花，面如满月眉似春山，神态淑娴端庄，雍容华贵。

　　这一组贵妇好像正在迎接贵宾，又似在观看什么盛大的场面，或者是行什么妇女的礼仪。可惜，时间老人已将前面的画面抹去，只给后来观画的人留下了一大片可供遐想的空白，任你神游千载，余味无穷。不过有一点是可以肯定的，即在绘画所表达的那个社会中，妇女有着较高的社会地位。她们可以和男子平起平坐。可以参加重大祭典、可以群而集会，等等，这些都是学者们应加关注的内容。

德令哈出土棺板画：
古老神秘的玄武图

四灵乌兔守亡魂

　　三具棺木有前后档板六块。档板上绘有青龙、白虎、朱雀、玄武四灵之图案，还有金乌玉兔的形象。画工精湛，造型奇特。四灵乃中国古老文化的一个品类，早在春秋战国时代就已出现。《礼记》载："行前朱雀而后玄武，左青龙而右白虎。"孔颖达疏："朱

德令哈出土棺板画：
脚踏雪山的朱雀图

雀、玄武、青龙、白虎，四方宿名也。"属二十八宿的星名，按五行说，这四星宿各有属性，各有所司。如朱雀为南方之神，属火，色属赤，故朱雀被尊为万鸟之王，是祥瑞的象征，最初为东方部族所崇拜的图腾。羽色斑斓，生性高洁，食必择食，栖必择枝，朱雀见而天下太平。玄武、青龙、白虎分别为北方之神、东方之神和西方之神，因此，古人们将四灵看作是镇守四方的守护神，刻画在棺板之上，以取佑护之意。这是一种古老的丧葬习俗，到了汉代流传更为广泛。因此，四灵在汉墓中屡见不鲜。

棺板上所绘的金乌玉兔，其历史更为久远，可以追溯到中华民族形成之初。中国远古的神话中就有"日中有乌，月中有兔"的传说，合称日月为乌兔。郭里木棺板画的绘制者，将中原汉地的民俗文化与本民族的文化有机地融为一体，所绘制的四灵和乌兔均有新的创意，而非汉地四灵、乌兔的复制，具有十分明显的地域民族特色。如将玉兔采取强烈的色彩对比与图案化的表现手法，用莲花、忍冬完美地组合为外围团花图案加以衬托，重点突出玉兔的中心地位。动静相宜，构思奇妙，寓意深邃。又如朱雀阁，此鸟足踏万山，形如大鹏，威猛沉毅，气贯天地。其形已与汉地朱雀有着很大的不同。

看来用四灵、乌兔来守护亡灵，或作灵魂到达彼岸的引导，都充分反映了墓主人与汉文化的深刻渊源，表达了墓主人的审美情趣和身份。

德令哈棺版画是研究西北地区古代民族、经济、宗教、民俗、生态、艺术的重要物证，史学价值极高，是历史留给后人的一份宝贵的文化遗产。

人文：

柏树山的魅力

柏树山在德令哈市北30公里处，是一条风景秀丽的山沟。现已开发为柏树山国家级森林地质公园。境内地貌奇特，山峦起伏，峭壁如墙似堡，险峰如塔似剑，雄浑巍峨；山色亮丽，或白或青或黄，焕发着玉的色泽，秀色万千；山中有清澈的山泉，潺潺涓涓，奔流不息，流经陡坡悬崖，便成了喷珠吐玉的大小瀑布，叮

烟雨中的柏树山

叮咚咚，如琴声鸣响；山坡上芳草茵茵，繁花点点；如洗的碧空中，白云悠悠。远处的山头上，常留皑皑白雪。山石上草丛中有蒙古百灵和云雀欢快地鸣叫，叫得人心醉神爽。

柏树山的来由是在山沟两边的山坡上，生长着一些青翠的老柏树。虽不是连片成林，却给这山增色不少。这些老柏树屹立在危崖峭壁上，把根深深地扎入石缝岩壁之中，咬定青山不松口。其枝干如青铜铸就，任你风狂雪暴，从不低头弯腰。在山沟深处，有一丛丛幼小的柏树苗，身高只有一米多，翠叶婆娑多姿，柏香四溢，如一个个清纯少女，楚楚动人。虽如此幼小，却早已禀赋了宁折不屈的柏树性格。在几堆怪

柏树山一景

柏树山中——祁连山下好牧场

石之中，挺立着两株干枯多年的柏树，没有了绿色的柏叶，没有了绿色的树皮，唯留下一副古铜色的躯干，被风霜雨雪洗刷得干干净净，一尘不染。似一座顶天立地、威武不屈的柏魂之塑像，影像悲壮苍凉。

也许这柏树的性格与柴达木人的精神有着某种共同之处，也许柴达木人的性格中早已融入了柏树的精神。德令哈人都十分钟爱这一方土地，不论是炎炎夏日，还是飘雪的严冬，人们都要呼朋唤友，或举家出门，来到柏树山，投身于大自然的怀抱，问候柏树老友安好。这就是柏树山的魅力所在，也是德令哈人的情愫所寄。

景点：
"外星人"在柴达木的遗址

在柴达木盆地众多的景区和景点中，德令哈托素湖边的"外星人"遗迹，令人惊叹，遐想无穷，困惑不已。

托素湖，这是一个水面有 180 平方公里的咸水湖。水面广阔，烟

"外星人遗址"就隐藏在这奇秘的小山中

波浩淼，湖水湛蓝，四围山色入湖，深沉静谧，风景秀丽。在湖的东北岸，耸立着一座孤兀的山峰。山色呈黄白间有鹅黄，与宝蓝色的湖水、洁白如雪的湖边沙滩及一些形状奇秘的怪石，构成了一幅神秘的画卷，给人以强烈的视觉冲击。人们称为"外星人"留下的遗址，就在此处。

在临湖的岩壁上，有个山洞，洞壁上贴着两根类似大管子的东西。一根直穿入洞顶和洞底，另一根的下部露出管口。两根管子的直径40厘米左右，管子和岩壁结合得天衣无缝。还有一些直径较小的管子排列在一个直洞中，延伸到洞外。可惜，前些年这些管状物被好奇的游客们砸得所剩无几了。湖水中，洞口离湖面80米左右，为裸露的砂岩，砂岩上满是湖水冲刷所留下的水波形岩纹，湖边还有一些大小不一、千奇百怪的石头，都是湖水冲刷而成的天然造型。说明千万年前，湖水与洞口相连时，这些管状物早已在此。这种现象叫人不由地会想到，千万年前，就有外星生命，曾在此居住，留下了他们的吉光片羽。

这些管子为咖啡色，敲打有金属声。经北京、上海几家权威机构的检测，此管状物中，确含有多种金属物质，但难以确定为何种金属，是不是真正的金属制品也无定论。后有八所著名大学和研究机构的专家学者现场勘察，虽各自的见解大相径庭，但都认为这些管状物形成的年代至少有十多万年了。如此结论，使这份自然奇观的身世更加扑朔迷离。

托素湖自然遗存，是一座独一无二的集观光、科研、猎奇为一体的乐园，等待着国内外有识之士光临其境，参与这天地造化大谜的破解。

风光无限的姐妹湖

从德令哈市乘火车向西南行，约50公里，便到了海西十大景区之一：姐妹湖，即克鲁克湖和托素湖。

这两个高原湖泊，真像是一对明眸皓齿、妩媚动人的少女，亲密地相依相偎在戈壁大漠中，所以人们称她俩为姐妹湖。两湖之间，由一条7公里多的小河相连，蓝色的小河蜿蜒曲折，好像是姐妹俩共托着一条闪光的彩带，在戈壁大漠中翩翩共舞。

姐妹俩虽然如此之亲密友爱，但相互的性格不同，风姿各异。妹妹克鲁克湖面积58平方公里，是一个淡水湖。湖的四周，围着翠绿

　　高大的芦苇，除了这道绿色屏障之外，就是一马平川的荒漠戈壁。湖
水蔚蓝、清澈、迷人。湖边茂密的芦苇和湖中丰富的水草、鱼虾，吸
引了大群斑头雁、黄鸭、海鸥等，在湖边筑巢安居。这些鸟在湖上时
起时落，时唱时闹，热闹非凡。值得一提的是，在这些鸟群中，能够

鸟瞰姐妹湖

神龟出海

姐妹湖风光——夕阳渔舟

托素湖边的小山——造化的匠心

观赏到几种十分珍贵的水禽，如大白鹭、黑颈鹤、闺秀鹤、水鹦等。它们同居一湖，入水嬉波、展翅舞云，给宁静的湖泊增添了无限的生机。

这个湖中原本只有一种裸鲤，生长十分缓慢。从 20 世纪 70 年代初，德令哈人从南方引进鲤鱼、鲫鱼、草鱼、鲢鱼等多种鱼苗和螃蟹投放湖中，经多年经营，取得了巨大的成功。每年的捕捞量在 25 万公斤左右，最大的鲤鱼重达 10 公斤。每年夏秋季节，湖上渔舟飘荡，渔歌阵阵，一网下去，鱼蟹满舱，给这个古老的湖泊注入了新时代的万种风情。

托素湖，面积要比妹妹克鲁克湖大三倍多，是咸水湖。碧波万顷，水天一色，深蓝色的湖面上总是笼罩着一层淡淡的薄雾。天上没有飞鸟，湖边唯有白沙。站在湖边，是一派万古如斯的寂静，令人迷惘，叫人心愁。风起时，波涛汹涌，惊涛拍岸，千堆白雪聚而复散，散而又聚，这景色又是那样的壮观。

古老的传说中说，湖中有神牛，风雨晦暝之时，便踏浪而出，迅如惊鸿。神牛不可见，但湖中生息着一种形状奇特、狰狞可怕的小生物，大名叫卤虫。行千万里路而不死，入水即活。可作龙虾的高档饲饵，身价金贵。托素湖卤虫的储量大，是一种很有价值的生物资源。在夏季捕捞后，可晒干包装，远销国内外。

民间：
蒙古族古风——祭敖包

祭敖包，这是蒙古族祖辈留传下来的一项隆重的宗教仪式。随着时代的变化，现已成为一项盛大的民俗活动。世居柴达木盆地的蒙古族群众，每年都要举行祭敖包盛典。每年的七月，在水草最丰美的时候，各地蒙古族群众都以县或乡为单位，举行各自的祭敖包

僧人为祭敖包诵经

放飞吉祥的风马

仪式。由于是海西州州府所在地的原因，德令哈地区的祭敖包，场面最为宏大热烈。德令哈的敖包，坐落在德令哈市郭里木乡尕海湖的东畔。敖包扎在湖边的一座山顶上。这敖包名叫"永登扎里宝"，十分雄伟壮观，已有数百年的历史了。

敖包是用白色的大小石头垒起来的，呈方形。四周用松柏的干枝盘围起来，在敖包的正中插有一杆白色的大旗，代表着纯洁和吉祥。四周挂满哈达、经幡、彩旗。由于敖包山临湖，所以，敖包和山峰常年倒映在碧绿的湖水中，那不停翻动的白旗、哈达、经幡，还有天上的云朵，都在清澈的湖水中徘徊共舞，给敖包披上一层圣洁的流彩。

祭敖包的一天，无论晴阴，蒙古族人都在天还没亮时就起来了。天刚麻麻亮，祭敖包的人就出发了。人们穿上民族服装，系上鲜艳的腰带，把骏马打扮得分外整洁和精神。带上祭品，开始从四面八方向敖包聚拢。渐渐汇成了几道虽不整齐，但颇为壮观、威武的骑士大队。

骑马转敖包

　　蒙古人的先祖们认为，世上万物有灵，而山上的神灵则护佑着人间的平安，主宰着山川水草的丰美、六畜的兴旺。人们希望通过祈祷山神、祭祀敖包，得到神灵的护佑，以求水草丰茂、人畜平安。这可能是蒙古族古老的天人观的一种体现。所以，祭敖包的人们都心怀虔诚，表情肃穆，一般都不高声喧哗。在去敖包的路上，多日不见的老朋友们相遇了，便会暂驻马足，在马背上互道平安，相互真挚问候："佳三拜乃？"（您好吗？）然后一同策马前行，叙说别情；年青的人们看见后面有老人来了，无论是认识的还是不认识的，都要下马，恭敬地侧立道旁，让老人们的马先行一步……

　　祭典开始之前，早有一些执事的人在那里张罗。一些心灵手巧之人，用炒面掺以酥油，捏出很多形象逼真，有五寸大小的牛、马、羊、驼，还要捏很多塔形、方柱形的炒面团，按规定，整齐地摆放在敖包之上。这些带有浓厚宗教色彩的祭品都是必不可少的。在祭台上，还有无数条哈达、酥油、油饼、糖果、茯茶、白酒、各类奶制品，以及堆成山形的青稞、麦子、大米等粮食。这些丰富的祭品，表达了祭祀敖包的人们对神灵的虔诚之心，也表达了对美好生活的无限追求和向往。

　　敖包四周的煨桑台上，升起了缕缕桑烟，直上青天。柏叶的清香四溢，一种神圣静穆的氛围越来越浓，千万人都屏住了声息，等候着盛典的开始。这时，就连那山下排列成阵的庞大马群，也不再嘶鸣踢踏，周围一片静穆。

　　一声惊天动地的法号声响彻云霄，传至四方，表示大典正式开始。身着绛红色袈裟的喇嘛们齐声颂经，其声铿锵有力，如有千万巨石落地涌动；海螺声咽，鼓声阵阵，四山回响，奏出了古老而庄严的乐章。人们开始列队而行，手举青青的松柏枝，枝上还挂着彩色的绸缎带，满怀崇敬，顺时针方向绕敖包三圈，随手向空中抛撒印有天马踏云图的风马。据说，风马飞得越高，说明一年的运气就越好。这时，由几位壮汉组成的火枪队，神情威严凝重，手执古老的火绳枪、老土炮，向四面空中放礼炮，祭敖包进入了高潮。突然千万人同声高呼："拉尔加乐乐！拉尔加乐乐！"意思是"神必能胜"。这呼喊，一声比一声雄壮，一声比一声威严。其势如大海波涛突起，其音如狂飙冲出深谷，震撼着每一个人的心魂。这是千年的呼喊，是这个英雄民族昔日纵横欧亚大陆时，万千铁骑的余韵。

最后，将所有祭品撒向敖包四方，共祈神灵佑护，河清海晏，人人安康幸福。神圣的祭敖包大典便结束了。人群像潮水一样缓缓退下山来，满怀喜悦和希望，向草原深处走去，那里的草原即将沸腾，一年一度的那达慕大会随着祭敖包的结束而开始。

全民的盛会——那达慕

那达慕，是一项蒙古族全民参与的盛会。大会的地点都选在水草丰美、地域开阔的大草原上。

盛会开始的前几天，各地的蒙古族群众从深山、从大草原的四处举家前往。用牛和骆驼驮着毡包、帐篷，赶着在节日里食用的牛羊，大小口袋装满了节日需用的各类食品酒果。各家按着组织者的安排，在指定地点扎下帐篷和毡包。两三天之内，一座宏大的帐篷城就建起来了。各种形式的帐篷一排排、一行行，随地势水草而居，错落有致而又井然有序。远远望去，在蓝天白云之下，在广阔无垠的草原之上，这些毡包、帐篷就像撒在碧绿地毯上的一串串洁白的珍珠，又像是无数洁白的海螺从碧海中升起。绿与白辉映天地，把大草原装点得如诗如画、如梦如幻。

那达慕是蒙古族古老民俗文化的大展示。男女老幼都穿戴着古老而典雅的民族服装，使大草原处处花团锦簇。规模宏大的集体歌舞才刚刚结束，每座毡包和帐篷内的盛宴又摆上了，不断地相互宴请做客。银碗里的酒斟得不能再满了，桌子上的大块肉在盘子里堆成了山。蒙古民族的热情豪放，在这里得到了充分的展现。能歌善

蒙古族服装饰物

盛装的蒙古族姑娘

力拔山兮气盖世——蒙古族摔跤手

气势如虹的蒙古族歌舞

舞是蒙古民族的又一特点，歌声此起彼伏。那古老的歌谣、赞词、祝词唱了又唱，说了还说，说唱出了人们的欢乐、幸福和希望：

按照古老的信念哟，我们聚集在一起。

凭着一颗乳汁般的心，我们欢乐在一起。

祝愿我们的生活幸福美满。

辽阔的大地哟，是万物的摇篮和骄傲。

那葱葱郁郁的树木哟，万古长青充满生机。

祝愿平安，幸福美满。

在那达慕会上勇士们可一显身手。摔跤手们踏着雄健的步子出场了，这可是力和智的较量，惊心动魄！赛马场上，年青的骑手们一字排开，一声号令，群马如利箭齐发，势不可挡；而那赛骆驼却别有风

蒙古族的赛骆驼——沙漠之舟飞驰在戈壁上

趣，骆驼被人们称作"沙漠之舟"，平常都有一种沉静如山、宠辱不惊的风度。但在赛场上，一反常态，个个奋蹄飞奔，互不相让。那高高地坐在两个驼峰中间的骑手，这时随着骆驼的奔跑，真像是在浪峰涛尖上拼搏的水手，不停地前仰后合，大起大落，好像立刻要被大浪吞没。但这些骑手的骑术高超，从来没听说过谁在赛场上被骆驼摔下来过。每个赛场都是人山人海，呼喊声如雷霆滚滚……

　　这呼喊声和摔跤手沉重如铁的脚步声、马蹄敲打地面的颤抖声、歌声、琴声……组成了一曲欢乐、雄浑而又热烈的乐章，在大草原上久久地回荡着……

格尔木为蒙古语，意思是"河流密集的地方"。半个世纪以前，这里是一片杂草丛生、野兽出没、荒无人烟的地方。1957年，随着青藏公路的建成和柴达木盆地的大规模开发，全国各地数以万计的建设者来到这里。地图上，"格尔木"作为一个城市的名字出现了。格尔木辖区面积 123 460 平方公里，是世界上辖区面积最大的城市，堪称"天下第一城"。

往事：
永恒的将军楼

慕生忠将军

　　将军楼坐落在格尔木市开拓路西侧的将军楼主题公园中，始建于 1956 年 10 月。这是格尔木市的第一座二层楼，外观陈旧，门窄窗小，灰砖灰面，无任何装饰，正门上方端庄朴素的"将军楼"三个大字是后人加上去的。将军楼无论以哪个时代的眼光看，都是再普通不过的一座小小的建筑物。如与今日格尔木市那些高大辉煌的建筑物相比，则更加显得太不起眼，甚至太土里土气了。但是这座小楼，曾是青藏公路建设指挥部所在地。就在这座小小的二层楼里，慕生忠将军指挥千军万马，演绎了青藏公路和格尔木市创业者们感天动地、气壮山河的无数壮举。

　　慕生忠将军是陕西省吴堡县人，1910 年生，1933 年加入中国共产党和陕北红军。在刘志丹同志的领导下，转战陕北、晋西等地，出生入死，身经百战，所到之处，敌人闻风丧胆，身留伤痕 27 处。1955 年被授予少将军衔。同年，被任命为青藏公路管理局局长、中国人民解放军青藏公路运输指挥部总指挥。他是青藏公路修筑的发起者和建设者。

　　慕生忠将军带领着一支 1 000 多名只会拉骆驼而从未修过公路的驼工组成的队伍，在世界屋脊上开始了逢山开路、遇水架桥的筑路大战。青藏公路沿线大多数地区海拔在 4 000~5 300米之间，高寒缺氧，冻土如铁，顽石似钢，大雪没膝，沙暴

慕生忠将军曾经工作
生活过的将军楼

迷眼，其千难万险是无法想象的。多次遇到难以逾越的困难和险情时，慕生忠都亲临火线，组织动员，抡锤砸石，蹚河放线，勇往直前。他曾举拳大呼"死，也要头朝拉萨！"他的决心成为筑路大军的共同誓言。当海拔5 300米的唐古拉山口终于被打通时，所有的镐头都成了没尖的铁疙瘩，所有的铁锹都成了"鲁智深的月牙铲"。可是数千筑路英雄们的欢呼声，打破了雪域万古的沉寂。慕生忠将军脚踩昆仑风雪，赋诗一首：

唐古拉山风云，汽车飞轮漫滚。

今日镐锹在手，铲平世界屋顶。

这24个字，表达了慕生忠将军豪情万丈的英雄本色。青藏公路的通车，在经济上、军事上和政治上都有着十分重要的战略意义，也为世界公路史添上了浓墨重彩的一笔。

青藏公路的修筑，催生了格尔木市的诞生，慕生忠将军则是这颗高原明珠的奠基人。20世纪50年代初的格尔木，茫茫戈壁，人烟罕至。当第一批筑路大军到达时，一名参谋请示将军："你命令把营地扎在格尔木，请问格尔木在哪里？"将军哈哈一笑，把当作手杖的一根柳棍用力插入脚下的戈壁，说："这里就是格尔木，营地就扎在这里。"工人们用驮来的柴禾扎了四方形的圈，大家叫它柴禾城，总指挥部就是柴禾城中的一顶帐篷。于是高原新城就这样诞生了。从此，格尔木市飞速壮大，有了商店、邮局、医院、学校、银行、影院、工厂……最初的白杨树也是慕生忠将军特意从湟源运来，并亲手栽在了柴禾城的周围，从而带来了格尔木市今日的满目青翠。

1994年10月18日，84岁的慕生忠将军与世长辞。弥留之际，再三叮嘱儿女："别忘了，把我的骨灰撒在昆仑山、撒在青藏线……"慕生忠将军把生命的全部都献给了青藏高原，他的灵魂也已融入了青藏高原。

慕生忠将军的英魂已化为大漠七彩虹、昆仑千秋雪。而这座小小的"将军楼"，则是一座不朽的历史丰碑，被格尔木市委定为爱国主义教育基地。

人文：
昆仑文化碑林

昆仑文化博大精深，其核心内含是胸怀理想，奋斗不息，开拓进取；以德修身，仁爱为本，舍生取义；兼容并包，追求美好，和谐共处等等。昆仑文化对华夏各民族的哲学思想、道德规范、价值取向、民俗民风的形成和发展，产生过巨大的影响。"知我中华、爱我中华，兴我中华"已成为全世界炎黄子孙的共同心声。

为了进一步弘扬昆仑文化，格尔木市在昆仑山口建成碑林一座。

碑林以茫茫昆仑为根基，以雪山蓝天为衬托，将出之全国各地著名人士所献的数十通碑刻，树立在雄鸡形的中华版图基座之上。内容有古今名人颂赞昆仑的诗词歌赋，蕴含深厚，意境高远。

　　昆仑碑林的目标是"建成世界上海拔最高、规模最大的昆仑文化碑林"。碑林空间广大，热诚欢迎海内外炎黄子孙，为弘扬昆仑文化倾注心血，把你对昆仑文化的热爱，对昆仑神山的敬仰，以及你的美好心愿和祈祷，化为一方精美的石碑，以流传千古，与巍巍昆仑万古长存。

此处的盐晶又似顶盔贯甲的武士

景点：
盐湖文化大观——盐湖之王察尔汗

　　察尔汗盐湖，在距格尔木市北60公里处，是世界第二大盐湖。察尔为蒙古语白色，汗即有王的含义。盐湖东西长136公里，南北宽45公里，总面积5 860平方公里。察尔汗盐湖是一个以钾盐为主，伴生有镁、钠、锂、硼、碘等多种矿产的大型内陆综合性盐湖。其储量

察尔汗盐池的盐晶千奇百怪,此处盐晶形如云中羔羊

此片大型盐晶状如琼楼玉阙

盐池风光

达500亿吨,是我国钾镁盐的主要产地,是名副其实的中国盐湖之王。

察尔汗盐湖由9个子湖组成,每个盐湖所含盐的成分各不一样,因此其外观也千差万别。有的盐湖因地表已经干涸,很像是耕翻过了的万顷良田;有的却碧波荡漾,清澈见底;有的盐湖周围被洁白的盐带所环围,如一面镶嵌着白玉边的巨镜。而蕴藏在湖中的矿盐,色泽各异,形态万千。其色有红、白、蓝、黑及杂色,一粒粒、一块块,晶莹如玉。在湖边形成的盐晶状如珍珠、雪花、葡萄、秀发、宝塔、星斗,如盛开的宝石花,一串串、一朵朵,美轮美奂。

站在察尔汗盐湖的湖面上,就像站在一面无边无际的黄褐色的玛瑙镜子上。据考证,8 000万年前,这里原本是碧波万顷的汪洋大海,是神奇的大自然在经历了数千万年的岁月磨砺,经历了无数次的沧桑巨变,终于将无量之盐聚集在此,为人类构筑了一座自动储货、永续利用的盐库巨无霸。

盐湖湖面由50厘米厚的盐盖构成,揭起盐盖,便是碧清如翠的卤水,足有20多米深,这就是生产钾肥和工业用盐的原料。卤水下面又是一层 10 多米厚的结晶盐，白如冰雪，洁如脂玉；在结晶盐的下面，是由沙土和卵石构成的隔水板，板下是一个深 40 多米的巨大淡水湖。由于有道隔水保护层，使上面的盐层不被下面的淡水所溶化，也为人类开发盐湖提供了必不可少的淡水资源。

神奇的湖中湖

在这蔚蓝色的湖边上，还有一连串深蓝色的、圆形的小湖散落其间，这就是湖中湖。大的方圆有五六公里，小的只有几百平方米。从昆仑深山奔流而出的格尔木河、鱼卡河等几条河流日夜不停地将淡水注入盐湖。由于盐水、淡水的重力不同等因素，就形成了一个个美丽的"湖中湖"。多数湖中有小鱼，岸边半人高的野草，微风起处，野草摇曳，湖边便弥漫起白色的雾。时有斑头雁、鱼鸥、棕头鸥等各种水禽围着小湖起落翱翔、啄吃湖中的小鱼，使这一串串美丽的湖中湖更加扑朔迷离、变幻莫测。因此，看过湖中湖的游客，无不感叹大自然的神奇造化，惊呼"看了湖中湖，神仙也惊奇"。

世界奇观——万丈盐桥

察尔汗盐湖上的很多建筑物都是用盐建造的，而在各种盐的建筑物中，最亮丽的风景当属堪称世界奇观的"万丈盐桥"。

　　从格尔木到柳园的公路横穿盐湖。一条笔直、平坦、闪着黄玉一般光泽的盐桥横跨其上。盐桥全长32公里，桥体横跨全国最大的盐湖——察尔汗盐湖，却不用一座桥墩、一根钢材、一块石头，可盐桥的承载能力每平方米达到60吨，堪称桥中之最。载重数十吨重的卡车，飞驰而过，大桥纹丝不动。"桥面"上如果出现坑坑洼洼，只要从旁边铲几锹盐填平，再洒点水就算完工，平整如初。这座"盐质"大桥已运营50多年了，为柴达木的交通运输作出了巨大的贡献。为此，万丈盐桥的创建者们甚感自豪。青藏公路修建总指挥、盐桥策划和建造的主要领导人慕生忠将军，曾赋诗一首，表达了盐桥建设者们的豪情壮志和对盐桥的赞美：

咸盐筑路未曾闻，岩盐架桥世无双。

盐桥横跨达布逊，桥身全长超万丈。

盐桥东西无边际，盐桥南北好风光。

南望昆仑北祁连，山色湖光使人恋。

两旁湖水面对山，平硬直宽赛长安。

工程科学新发展，建筑史上新纪元。

　　为此，万丈盐桥成为世界建桥史上的一大奇观。

沙漠卫士——胡杨林

　　从格尔木市沿格茫公路西行，荒凉的戈壁滩上黄沙漫漫铺向天涯，偶有星星点点的骆驼蓬、芨芨草点缀着大漠的寂寥。有时也会看到一座孤独的蒙古包扎在干涸了的古河道上，一缕孤烟从蒙古包顶上摇曳升起，直上蓝天。使人感受到了"长河落日圆，大漠孤烟直"的苍凉意境。当车行至托拉河边时，西边的天际，突见一道碧绿中间有金黄色的大丛林，郁郁葱葱如一道城障，令人心旷神怡。这就是格尔木胡杨林，离格尔木市区50公里。

　　胡杨林是中亚荒漠孑遗的古老树种，在柴达木成林的就此一处，被学者们称为"活化石"，十分珍贵，现被列为省级自然保护区，总面积30多平方公里。

　　胡杨耐旱耐盐碱，在严酷的自然环境中，历经浩劫，不屈不挠，

死而不倒　铁骨铮铮

胡杨与沙的乐章

"双首老妖"欲腾空

天高云淡胡杨临风

生命之门

顽强地生存下来，留一片绿色给荒原大漠。胡杨属落叶乔木，它不像松柏挺拔高大，更不像白杨亭亭玉立，每株胡杨有着独特的形状，绝无雷同。有的如虬龙腾空，有的如巨蟒出洞，有的似老僧坐禅。幼小的胡杨树，如玉树临风，婆婆娑娑，各有其姿。有不少胡杨在与大自然的搏击中死去了。死了的胡杨也不减它的英雄气概。那枯死的树干树枝，其形如森森白骨，其色润润如玉，敲之铮铮有声，屹立在大漠之中，把黄沙坚实地踩在脚下，形态傲然挺立。所以，人们崇敬地称胡杨是"三千年不死，三千年不倒，三千年不朽"。胡杨是植物王国中的铮铮铁汉，固沙勇士。

每当晨光初照，日落黄昏或新月初上时，这些活着的和"牺牲"了的胡杨各自灵动起来。在朦朦胧胧中，枯死的、活着的胡杨迷离虚幻，清、奇、古、怪，风情万种，令人心动，让人叫绝。遂使不少摄影家灵感突发，传世名作一蹴而就。而更多的游人，徘徊于胡杨林间，浮想联翩，感悟人生之"三昧"。

远眺风火山

地质奇观——风火山

　　风火山，是大自然赐给人间的又一奇观。地处可可西里东南，距格尔木市区 300 多公里，青藏公路横穿其间。风火山，山色通体红褐，十分醒目，好像被烈火焚烧了无数次。山势峥嵘，寸草不生。山中不知含何种物质，似有一种烧焦了的泥土味，常随山风扑面而来。

　　相传，当年齐天大圣孙悟空护送唐僧西天取经路过火焰山，借铁扇公主假宝扇灭火焰山的火时，大火却越扇越猛，烧得悟空落荒而逃。当悟空一个筋斗翻出火海，来到此山顶时，才发现虎皮裙烧着一块，急忙用手扯去，信手抛下云头。岂料，火焰山之火乃三昧真火，一经着地，顿时将风火山一连烧了九天九夜。后来孙悟空斗法在铁扇公主处求得真宝扇，灭了火焰山之火，随后来到风火山将山上大火灭去，但山已被烧成如今的模样。此后，该山就被人们称为"风火山"。

这座山在远古时代，就可能已引起了古人的关注。在古籍《山海经·大荒西经》中有"西海之南，流沙之滨，赤水之后，黑水之前，有大山，名曰昆仑之丘……其下有弱水之渊环之，其外有炎火之山，投物辄然……"的记述。这段描写很像昆仑山和风火山的地形、地貌特征。那些长江源头的著名大河，其水清澈如墨玉，古人称为黑水；那些著名的大湖，深不可测，碧水万倾，散落天涯，这便是"弱水渊环之"的景观了。

以科学的眼光看，风火山的地貌，只是可可西里万千地质遗址之一，与孙大圣没多大关系。但很有观赏和科研价值，给人们以穿越时空，阅历太古之感。

今日的风火山已成为科学工作者研究冻土力学、地质变迁、高原物理、高原大气、高原生命学、江源水文地质等的科学站，设有规模宏大的现代化实验室，倍受中外学者专家及旅游者们的青睐和关注。

琼楼玉宇连天地——各拉丹冬

感恩上苍的赐予！在我青壮年时，有幸进入三江源和昆仑万山，领略了那些圣殿般的雪峰，那处子明眸般的众水，那最后的万古荒原，还有那些在悠悠白云下自由自在生活着的生灵。那可是一种雄浑无际的梦境，是一种灵魂得以洗沐的体验，是一份有关生死轮回的感悟。

雄浑张扬的各拉丹冬冰塔林 　　　　　　　　　　　昆仑冰川

如今虽已白发苍苍，然而那山、那水、那些鲜活的生灵，依然不时地出入梦中，恍若昨日。

　　各拉丹冬，藏语为"又高又尖"之意，海拔6 621米。远望这万里长江的发源地，唯见雪峰连着雪峰，崔嵬入云，气盖洪荒。在蔚蓝的天幕下，通体晶莹如玉，宝光四射，清纯圣洁。走近了，才看到山体由无数冰塔冰柱结连而成，参差错落，各有其形，姿态万千。如宝塔林立，如古堡宫阙，连绵无尽，气象巍然。其间似有白盔银甲的武士守望，有的按剑独立，有的排列成阵，赫赫然威势逼人。好一派气贯天地的大场景，令人惊心动魄，遐想无穷。横亘在我眼前的这座冰雪世界，似有一种奇妙的能量撞击着我的心灵。一个疑问由此而生：这玉宇琼楼顶天立地，谁是它的主人？一阵天风吹过，我好像听到了来自远古的喃喃细语，亲切而又温存："是我，我是自然老人。"

　　各拉丹冬的四周，被宽大的冰川环围。冰川下沿有无数冰洞、冰花、冰虫、冰兽、冰菇，千姿百态，令人目不暇接。大自然的鬼斧神工、匠心独运叫人匪夷所思。冰川中还有大小不一的冰湖。相互间有冰桥、冰堤相连。湖水深蓝，湖面如镜，倒映出岸边的冰雕奇景和远处的雪峰。其景如幻如梦。突然，发现有两只雪雀，在湖面上、冰桥上缠绕飞翔，鸣声如铃，打破了这昆仑千秋雪的寂静。

　　冰川尽处的各种冰体上，总有水珠滴滴答答地流淌，有的如清泪点点，有的如珍珠成串，这水珠落地声似有若无，无量的小珠连

昆仑山中的擎天一柱

成了一张张的巨琴，弹奏着江河先驱之歌，亘古如斯。万里长江就从这里起步，浩荡东去。

世界最大的天然野生动物园之一——可可西里

可可西里国家自然保护区，位于青海省玉树藏族自治州西北部，是青藏高原最神秘、最雄浑、最富饶的一方圣土，为世界所瞩目。从格尔木市进入可可西里是较为便捷和安全之路。格尔木各大旅行社所经营的世界屋脊探险旅游线，均可到达可可西里景区。

可可西里国家级自然
保护区标志

可可西里，蒙古语意为青色的山脊。这片亘古莽原，平均海拔4 800~5 500米，它的四面被巍峨的唐古拉山、可可西里山、昆仑山所环围。从可可西里的腹地看四周，那横空出世的昆仑山，也只是天际地平线上一道蜿蜒的小山梁。

这里的一切都是万古洪荒的原始本相。荒凉、孤寂，气候严寒，年均气温 -6℃，多大风、沙暴天气，人迹罕至，曾被人们称为"无人区"或"生命的禁区"。但这片广袤的土地上却生长着102属202种高原植物，其中84种为青藏高原所特有；哺乳动物有16种，其

石羊

盘羊

雪山·莽原·生灵

藏羚羊——大美青海的品牌

瞧！藏野驴一家子多安逸

中 11 种为青藏高原所特有；鸟类约 46 种，7 种为青藏高原所特有。

在可可西里的深山大漠中，生存着雪豹、猞猁、岩羊、盘羊、棕熊、雪鸡、金雕、玉面海雕、秃鹫、藏狐、沙狐、红狐、赤麻鸭、黑颈鹤等珍稀野生动物。藏羚羊、野驴和野牦牛是这个野生动物王国里最为珍奇的动物，为主体动物群落。经多年的保护，藏羚羊种群的恢复良好，现有藏羚羊 10 万多只，野牦牛、野驴及其他珍贵野生动物种群都有了很大发展。可可西里总面积约 4.5 万平方公里，这里是观赏青藏高原珍奇野生动物的最佳地。因此，可可西里是世界最大的天然野生动物园之一。

一步天险——昆仑桥

从格尔木市出发，欲登昆仑或要进西藏，都须跨越昆仑桥。

青藏高原是名副其实的世界屋脊。因此，青藏公路是当今世界上海拔最高的公路之一。在青藏公路 1954 年通车之前，从西宁到拉萨，只有一条名叫藏大路的土路。其实只是一条没有路面的原始小道，很多地方只有人牵着牲口，才能勉强通过。解放前，从西宁到拉萨来回要整整一年的时间。不少人死在进出西藏的路上，变成了孤魂野鬼。从西宁至拉萨再到印度，这本是一条便捷之路。那唐僧何以要从河西走廊穿越西域，绕一个很大的弯子去印度求经呢？据说，其中最主要的一个原因是，这条捷径要比那条弯路要艰难得多。1930 年出版的《西藏始末纪要》一书，形容青藏路上"乱石纵横，人马绝路，艰险万状，不可名态"；"世上无论何人，到此未有不胆战股栗者"。

青藏公路的建成，从根本上改变了让行人"胆寒股栗"的凶险局面。但从一步天险昆仑桥，我们仍然能看到过去青藏路上的一些遗迹和险恶的境况。

今日昆仑桥

亿万年前，青藏高原巨大的地质变迁，在这里造就了一条长达数十公里的断裂型峡谷。从昆仑山奔腾而出的格尔木河，穿山越岭，然后凭借近千米的巨大落差冲入谷底，以雷霆万钧之力，将谷底岩石切割，年复一年，不舍昼夜，终于切出了一条深80多米、长10多公里的陡峭深谷。峡谷下宽上窄，最窄处只有2米。早年，此处尚无昆仑桥时，胆大而轻捷的人，先将行李等物抛过峡去，然后从此处一跃而过，虽惊险万分，但可少走许多冤枉路。也曾有人在跳峡时坠入深渊，一去不回。险阻如此，故称"一步天险"。这的确是青藏线上的一大险关要隘。因为绝大多数旅客，需牵马牛绕到下游走出沮洳沼泽，其行路之难是今天的人们难以想象的。

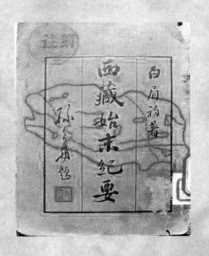

1954年，修筑青藏公路时，在此处修桥一座。桥虽只有几米宽，但从此却使"天堑变通途"。此桥原名为"天崖桥"，突出了桥的险峻和重要。1956年4月，陈毅元帅率中央代表团前往西藏拉萨，祝贺西藏自治区筹委会成立。当车队行至天崖桥时，陈毅同志下车步行过桥。在听取了修建青藏公路总指挥慕生忠将军有关天崖桥的情况汇报后，陈老总又来回数次在桥上踱步深思。然后停立在桥心，遥望莽莽昆仑，浩瀚大漠，激情满怀，吟诗一首：

> 我车日行三百里，
> 七天驰骋不曾停。
> 昆仑魄力何伟大，
> 不以丘壑博盛名。
> 驱遣江河东入海，
> 控制五岳断山横。

昆仑玉山

"天路"穿过昆仑

陈老总认为此桥是通往西藏的咽喉，昆仑的门户，接万山之脉络，故以昆仑为名较妥。并就此相商于慕生忠将军，慕将军立表同意。从此，昆仑桥便具有了更为深刻的蕴涵，成为青藏线上的一道风景线。

　　站在昆仑桥上观赏一步天险，另有一番情趣。唯见那河水在深深的幽谷时隐时现，像一条白色的长蛇蜿蜒穿隙，难见首尾。其声如暗雷殷殷，万马奔腾。春秋两季会有白雾在谷底腾吐弥漫。有浪花从雾中涌起时，如玉山突立；激流隐去时，像青蟒入洞。望久则令人头晕目眩。峡谷两壁对峙，十分陡峭。但两边石壁有小径可通谷底，那里幽暗昏暝，抬头唯见天光一线，难辨昏晓。细草丛生涧边，萋萋迷迷，青苔布满石壁，斑斑驳驳，勾画出一些神秘的图案；涧边怪石嶙峋，如猛虎老牛卧谷底。

　　如果在冬天，谷底两壁便镶满冰塔玉柱，如琼楼层层，形成"瀚海阑干百丈冰"的又一奇景。

自然老人的琴弦奏
响春到昆仑的乐章

民间:
昆仑美玉名传千秋

　　昆仑山盛产美玉，所以古代的诗人们称昆仑山为玉山。李白有诗曰："若非群玉山头见，会向瑶台月下逢"，说的就是昆仑山。当你走向昆仑，晴日里山色蔚蓝晶莹，阴雨时转为深沉的黛色。无论阴晴，那气贯天地的昆仑山都像一块不见首尾，莽莽然浑浑然，变化万千的通灵宝玉。

　　昆仑山的玉和新疆和田玉属同一矿带，玉质细腻温润、晶莹剔透，被称为"昆仑神品"。2008年北京奥运会的3 030块"金镶玉"奖牌所用的玉即产于格尔木市南的昆仑山中。这些镶嵌着昆仑美玉的奖牌，体现了人类的共同企愿，即"和平、和谐、和睦"。使昆仑玉成为中华文化的形象大使，飞向世界各地。

　　格尔木市所属的昆仑山区，是昆仑玉的主产区，其产量和品种都在不断刷新。而格尔木市所属的纳赤台及格尔木市成为西北最大的玉料、玉石工艺品的集散地。

毛尕秀 沃木克沛特 毛当
长山独立自然区 长山独立自然区 金子海 阿德日 查查香卡
冈嘎 白沙包 苏寒保木 草库仑
盐木洪 柯柯咀 夏日哈山 阿什扎
水磨 荪根那木尕 伊格沙勒 夏日哈
黑沙包 加房子 西河滩一队 都兰县 哈次谐山
金水口 孕文尼幕青 桑根洛克 夏日果勒 乌龙滩
都兰 沙石山 巴尕拉木哈 小下滩 东兰 沟游河 纳让
清水河 台士格 香日德镇 克错多 尼哈鄂如岗 森母宇克
晒来可特 可可托勒海 立新 莫布鲁渴 主泥根亥也
牙果西格 埃驴改乌拉 给顶和洛哥 沟里 龙洼尔玛 马里
埃坑德勒斯特 益克光 息日根纳卡 瓦了尕
美利格齐克坑德 布禾赛里 额尾奇耿 曲什昂 渣加 智某
西里 乌兰乌拉何东 哈日阿纸 古尔班鄂阿龙 智玉 闪旦某日
亚门乌拉 蒙古陶勒盖 科科鄂阿龙 查哈和勒冈 杂安去禾
克特勒改 灭格滩根柯得 古尔班洁诺嘎 孟可特
拉依 启得喜然 扎纳依 布香山 禾涞
阿奉都 额肯可里根 达洼

都兰是一方热土，钟灵毓秀，古老而神秘。
向世人展示着雄浑大气、原始质朴的景观。造
化的奥秘令人感慨，引出遐想万千。

往事：
昆仑深山的金字塔——热水一号大墓

热水一号大墓远眺（九间楼妖魔洞）

　　从青藏公路 109 国道 2 450 公里处跨过热水河，进入雪渭草原，被媒体称为"昆仑山中金字塔"的一号大墓便赫然入目。大墓巍峨雄浑，四周青山隐隐，绿水迢迢，"勾由合"奇峰高悬云端，傲视四方，似一幅以天地为框架的大画卷，气韵苍凉寂寥。墓前方正中，有《热水古墓群》石碑一通，为国务院所立的国家级重点文物保护单位。

　　大墓地处苍茫的昆仑山深处，被一种神秘深邃的氛围所笼罩，时空把它凝聚成一个谜一样的问号，似在无声地呐喊：我是谁？谁是我？

　　大墓由封土和墓室组成。封土残高 10 余米，封土基础面长宽各 60 余米，由柏木椽子按车辐形分层嵌压，椽间由卵石填充，四周由高约 1.2 米的石砌墙环护，上下一体，坚固异常，历经数千年的风雨吹打而不圮，说明当时的建墓者的确掌握了较高的建筑技术。古墓依山起势，高 28 米。背靠纵横起伏的群山，其中一山，势如一只展翅腾飞的大鹏，惟妙惟肖，气盖洪荒。从墓室的中轴线回望，正好对准大鹏的头喙。墓门朝向东北，如此选择墓门的方向，实属罕见。

一号大墓遗址

热水一号大墓出土文物可用"多、新、奇"概括。多，是因为出土文物的总量是青海考古史上前所未有的；新，是因为很多文物是第一次见之于地下；奇，是因为柴达木盆地这样偏僻的地区，却有如此规模、如此完整的多种文明融合的历史遗存，实在令人惊叹不已。现就古墓出土文物作一粗略的介绍：

丝绸。这是古墓中出土最多的物品。种类有锦、绫、罗、丝、绢、纱等。其中织金锦、嵌合显花绫等品类均为国内首次发现，不重复图案的品种130余种。其中112种为中原汉地制造，占品种总数的86%，18种为中西亚制造，占品种总数的14%。有一件织有波斯萨珊王朝所使用的婆罗文体"伟大的光荣的王中之王……"字体的织锦，是目前世界上仅有的一件，被确证为8世纪波斯锦。

此外，还有大批的漆器、陶器、木器及粟特金银器、玛瑙珠、铜盘残片、铜香水瓶等纯

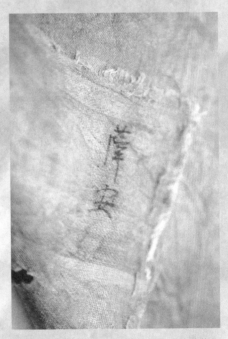

古墓出土隋末题名的锦缎

古墓出土波斯联珠
对羊纹织锦

古墓出土隋唐时期
鎏金银凤(鸾)

1500 年前的墓室壁画：
《王者出行图》

属来自中西亚和欧洲的文物。

在一号大墓前面开阔的草地上，是一处大型的祭祀遗址。东西长 50 米，南北宽 30 米。由五条祭祀沟和 27 个祭祀坑组成。排列整齐，井然有序。祭祀沟中，殉有骏马 87 匹，骨架完整，体尺大于今柴旦马，这些殉马很可能就是古人培育的"青海骢"良种马，昔日雄骏之风犹见。祭祀坑内埋有完整的狗、牛头、牛蹄等物。

粟特银马驹

当你站在这些古墓和古祭祀台之前时，一种怀古之情便会油然而生。遥想当年，春暖花开或秋高马肥时，大墓的主人昔日的国王率众出香日德古王城，大队人马浩浩荡荡来到大墓和祭祀台前宽广的草原上，有千万铁骑列队，各色旗帜，迎风猎猎，皮鼓声急，筚篥声咽。国王、王后、贵族、将军们衣甲鲜亮，排列有序，向上苍和祖宗献上良马、肥牛及美酒等祭品，由萨满大巫师作法祈祷，然后由国王领头致祭文

粟特银牛

血渭 2 号墓

马鞍金牌饰

粟特银鸭砚漏

祷词。全体参祭人员匍匐再拜，祈求上天和祖宗佑护国运昌盛，人丁兴旺。祭祀结束后，举行盛大的野宴，还有比武、骑射、歌舞、角力等娱乐活动助兴，那场面一定是十分热烈壮观。

墓室由墓门、墓道、左右侧室、主墓室、后墓室、回廊组成，十分宽敞，为王者之墓葬形制。这座深埋在地下的宫殿，因封土高大雄伟，并巧妙借用孤兀山势，高耸入云，又传说曾由妖魔护持，故被当地群众称为"九间楼妖魔洞"。此墓为声名所累，1941年，时任柴达木垦务专员的韩进禄，带一连骑兵，征调都兰各地民夫 400 人，进行了近一个月的盗挖，被盗和被破坏的文物难以数计。

韩进禄中途被马步芳调去打哈萨克人，盗挖才停止。当地的藏族群众在盗墓贼们呼啸而去后，就将盗

粟特羊型银粉盒　　　　　　　　　　　　粟特银鹿

洞填实，使墓中的文物，部分得以保存。1983年省考古队对大墓进行了系统发掘。这些出土文物其数量和文化蕴含，均为青海考古史上前所未有，被国家文物局定为1986年十大考古发现之一。

　　此墓为王者之墓，学术界已有定论。但究竟是吐谷浑墓还是吐蕃之墓有待进行进一步研究。墓四周10平方公里之内，还有数百座墓葬，以一号大墓为中心辐射排列，有的一墓孤立，有的数墓连环，可

古墓出土棺板画

热水一号大墓及形似
大鹏展翅的靠山

能是王室家族或王廷重臣的陪葬墓。其中的 2 号墓为王妃之墓，十
分玄秘。这些墓的墓门、墓道、墓室形制各有特点，少有雷同，反
映了青藏高原古代民族丧葬文化的特征。

人文:
诺木洪文化的发祥地

诺木洪文化遗址有塔里他里哈和塔温他里哈两处。总面积25万
平方米，文化积层厚1.5~8米。其中的塔温他里哈遗址（蒙古语为

"五个头"之意），远远望去，在漫漫的黄沙戈壁中，隐隐约约有四个大的沙包，三个较小的沙包，围成一圈，中间形成了一块"广场"。"广场"边上有一条年代久远的干河床，这就是遗址的全景图。显得十分荒凉寂寞，但名闻世界的诺木洪文化遗存，就藏在这荒凉寂寞的戈壁黄沙中。

1959 年，中国科学院考古研究所和青海省文物管理委员会联合在这里进行了系统发掘，其结果令学术界惊奇不已。在距今约 2900 年

都兰出土波斯对马纹织锦

前，这里曾经是一个文明富裕、充满快乐的世界，其文化蕴含独特，自成一系，故被命名为"诺木洪文化"。

大约在西周昭王、穆王的年代，生息在这里的古羌人已经创造了先进的文明。遗址规模宏大，出土文物丰富多彩。出土的石器有刀、斧、杵；骨器有骨笛、骨哨、骨匕、骨铲、骨箭头；铜器有刀、斧、钺及箭头等；装饰品是用石、骨、牙、蛤蜊等多种原料磨制而成；陶器有夹砂灰陶和夹砂红陶制成的多种生活用品，制作精美，并绘有十多种彩绘纹饰；还有陶牦牛及16根辐条的残车毂；毛布、毛带、毛线等毛制品，用多种颜料染色，十分结实好看。其中有翻地用的骨耜60多件。一次发掘出如此多的骨耜，在考古界中极为罕见。骨耜都是用大型兽类的肩胛骨制成，形制独特。同时还发现了窖藏的麦类作物的痕迹，说明当时的农业十分发达；在文化层中，还堆积着大量的羊、牛等家畜和野生动物的骨头。说明这些先民们农、牧、猎并举，能纺织、炼铜、铸箭、制陶、造车，其社会综合生产力已达到了相当高的水平。

先民们的建筑艺术也是独树一帜，颇有特色。在遗址周围发现土坯围墙9座。土坯长40厘米，宽30厘米，厚7厘米左右。其房屋也是由土坯砌成，十分厚实坚固，经三千年风雨而不坏，这实在是一项非同一般的建筑技术。因为在同一时期，中原地区的大多数宫室豪宅，采用的还是夯土筑墙的古老技术。

建筑村落围成一圈，中间设广场，作部落议事、聚会、歌舞的场地。这种布局方式，隐含着先民们已有了较高的社会组织和生活形态。考古学家吴汝祚著文写道："这样布局的遗址在青海其他地区，甘肃和中原一带还未发现过。"

诺木洪遗址全景

都兰境内距今已有
2000多年的坼堠
台，既可作为坼堠
台传递军情，又能
为南北过往的商旅
引路指航

　　诺木洪文化的创造者们，也是一个已有相
当文化追求，很有审美情趣的民族。他们的装
饰品、毛纺制品、角器、骨器造型都十分精美
和考究。就连那小小的骨哨、骨笛也不是等闲
之物。说明这些先民在喜庆或闲暇时，用骨
笛、骨哨（此物亦为狩猎工具）吹出动听的乐
曲，伴以集体舞蹈。多么惬意的生活，日子过
得一定是有滋有味。

　　诺木洪文化是卡约文化的延续，覆盖整个
柴达木盆地，深埋在地下的很多谜团尚待破
解。但从现已发掘的成果看，居住在诺木洪地
区的古羌人，在建筑、纺织等方面作出的贡献
是巨大的，诺木洪文化是历史留给我们的一份
珍贵文化遗产。

沉默千年的勇士——诺木洪干尸

　　隋唐至清，柴达木盆地的广阔大草原，曾是勇士们横刀立马、纵横驰骋的大舞台。1958年，在诺木洪地区发掘出一具元代武将的干尸。

　　干燥的沙土，使尸体保存十分完好。干尸个头中等，须发俱全，雄健伟岸。右胸正中有一深深的伤口，用一块绿绸堵塞。身着完好的黄花回纹缎面战袍，胸有护身软甲，腰勒镶玉长带，脚蹬粗制的牛皮长靴，头戴有一支红鸟翎的圆形皮盔。肃穆威猛的神态中含有几分蒙古人特有的憨厚。陪葬物有一完整的马尾、骑鞍，一张角质大弓，一个箭囊，囊中有11支箭。有趣的是箭头有三种，一种为柳叶箭，箭长60厘米；一种为菱形箭，箭长80厘米；一种为铲形箭头，其大小足有小号炒菜锅铲那么大，箭长110厘米。可能是根据不同的作战或狩猎对象，用不同的箭簇射击。弓箭及箭囊制作精美，可见他是一位身份不低的蒙古族武将，而且还是一位力大无穷、武艺高超的勇士，否则，是拉不开那么大的弓，射不出那么长的箭的。现在，这位"沉默将军"就落户在海西州博物馆中。

诺木洪出土的元代武将干尸

昆仑怀抱里的柴达
木绿洲——青海的
商品粮基地香日德

景点：
河山入画图

 都兰，蒙古语"温暖"之意。都兰是一方热土，钟灵毓秀，古老而神秘。向世人展示着雄浑大气、原始质朴的景观。造化的奥秘令人感慨，引出遐想万千。

由昆仑山和戈壁大漠组成了都兰的自然风光。昆仑山"其光熊熊，其气魄魄"。山峦广大，奇峰万千，白雪皑皑。山间有大河奔流，明泉无数；昆仑山麓，冰川横陈，琼楼玉宇，下缘溶冰点点滴滴，汇集成流，滋润着山川大漠，吟唱着万年不休的生命之歌。

县城西北部是广袤无限的戈壁大漠，地形多样，梭梭等珍稀植物带状分布，柽柳则占丘为王；远望沙海，时有海市蜃楼奇景，如幻似真，似在有无之间；柴达木河等多条大河如玉带飘荡在大漠之中，造就了辽阔的丰美牧场和珍珠般的湖泊，芳草如茵，碧水连天，悠悠牧歌合着百灵鸟的鸣唱，回荡在蓝天白云之间，在大山大漠之间，有无数珍禽异兽在繁衍生息，还有名震世界的诺木洪古文化遗址、庞大的热水古墓群都在大山大漠的怀抱中，给都兰大地增添了无限的生机和魅力，叫人感慨万千。

遥望都兰，河山如画，万里长卷！

神秘古老的科肖图祭天观象台

生活在柴达木的先民们很早就有祭天的习俗，祭天是一项神圣而重要的祭祀活动，需要有一个祭祀台，这个祭祀台一般都修在王城或牙帐的附近。

科肖图祭天观象台修在香加乡科肖图村的克错草原上，离香日德王城和一号大墓10多公里。台体通高13米左右，夯土筑城，顶部、门面、献供台用长45厘米、宽25厘米、厚12厘米的大土坯砌成；经发掘得知建筑之中心为实体，无墓室之类的内建筑，台周有回字围墙和回廊；台下有一圈建筑遗址，呈复杂的几何形地基，十分奇特而神秘。

"科肖图"蒙古语为"石碑"之意，说明原先此处有一石碑，因此而得名。可惜石碑已无处寻觅，但此台的内围墙原有石门，并有石狮一对相守。石狮古朴雄健，有着十分明显的南北朝时期石雕风格，其中一只早已被请进了省博物馆。这种形制说明了古人对祭

都兰县香加科肖图
祭天观象台

天观象的重视。

克错草原广阔平坦，祭天观象台建在草原中心，四野茫茫，群山邈邈，祭台中轴线正对北斗星的方位，视野十分开阔。

每到夏季，克错草原繁花似锦，铺满天涯，青山隐隐，白云悠悠；冬日来临，大草原冰清玉洁，静谧寂寥，无论冬夏，那巍巍的祭天观象台总是显得庄严肃穆、高深难测。选此地建祭天观象台，凸现了先民们与天地和谐共处的天人观，以及对自然美的刻意追求。

都兰国际猎场

都兰国际猎场坐落在青海省海西州都兰县境内，昆仑支脉布尔汗布达山中。猎场分巴隆、香加、沟里三个猎区。总面积 2 万多平方公里。是国家批准的青海省第一家对外开放，集观光、狩猎、科考、野生动物保护为一体的大型国际猎场。

猎场地域广阔，山川纵横，景观多样。猎场及周边地区，野生动物资源十分富集，分高山、中低山、荒漠三种不同的类型，栖息着雪豹、野牦牛、藏羚羊、野驴、棕熊、白唇鹿、马鹿、马麝、猞猁、兔狲、藏狐、沙狐、岩羊、藏原羚、雪鸡、石鸡、松鸡、金雕、秃鹫、玉面海雕、狼、豺、高原兔等 30 余种珍稀动物。可以说，青藏高原的大多数野生物种都在这里安家落户。它们相互之间，形成了一个宏大而微妙的生物圈，相生相克，生生不息。这是一处充分体现生物多样性的野生动物王国。

猞猁，戈壁洪荒中的捕鼠大侠

猎场范围内，各处都有野生动物，但主要猎区在高山，这是一个典型的高山猎场。各猎区之间有公路相连，交通十分便利，可乘车可骑马。一般人们都愿骑马，觉得更有情趣。

每年 5~9 月份是狩猎的季节，这也是昆仑山中最美好的黄金季节。当人们骑马进入猎区后，眼前的风光渐行渐奇，心绪也会随之豁然开朗。随着荒漠草原变成高山草甸，惟见草地随山势起伏，绿满天涯。最终和蓝色玉屏一样的布尔汗布达山的山色融为一体。夏日灿烂的阳光下，开满了各类高山野花，低低矮矮、大片大片的如锦缎铺满山冈谷地，花香醉人；在进山路上还能看到一道道野白杨，像一条条翡翠玉带缠绕在山腰，这恐怕是世界上爬得最高的白杨林了；在莫可里还要穿过大片的原始松林，郁郁葱葱，松涛声阵阵入耳。在海拔 3 500 米的山凹里，生长着茂密的金露梅、银露梅等高山灌木丛。

国际猎场中的雪豹——雪山霸王

沿着湍急的柴达木河畔而上，河水在你脚下奔腾咆哮，水声轰轰如雷。山路崎岖，危崖欲摧。登上海拔4000多米的地区，满目是荒山大岭、雪峰环立、岩石裸露、峭壁摩天。回首来路，群山在你脚下如波涛远去。山色荒凉冷峻，但这里正是高山动物栖息的乐园。

苍翠的山冈上传出了雪鸡的鸣叫声："苏里……苏里……"如一曲悠扬的琴音，深沉如梦；猛然间，从云端里传来一串清越欢快的"尕啦……尕啦……"声，如万千银铃在天宇中摇动。这便是石鸡在合唱，似在向远方来的人们致欢迎之意。

岩羊是荒山大野的真正主人。猎区内有岩羊两万多只，这里是昆仑山系中岩羊种群最大的栖息地之一，有时能看到上百只的岩羊群。岩羊是猎场的主要狩猎动物，其他动物多作为观赏和研究对象。岩羊体色青灰如石，与山石浑然一体，所以也叫"石羊"。岩羊体形矫健，双角粗壮，体重达50多公斤。看着它们在远处的山崖上临风远眺，在山坡上自由自在的觅食，或在山溪边慢饮细咽，有时还能看到相互间似斗又戏，胜者目空四海，败者落荒而逃。此时，你会觉得在观赏一幅无框无边的流动不止的天地大画。

猎区内有雪豹，这是因为雪豹和岩羊是高山生物圈中的一对老搭档。岩羊是雪豹进餐的主食，猎区因为有大量的岩羊，雪豹才有了在

此生存的可能。雪豹生活在雪线以上的岩洞绝壁中，很难发现它的踪迹。雪豹被称为"雪山之王"。全身铺满美丽的花纹，从头到尾足有2米长，威风凛凛，霸气十足，是真正的冷面杀手，它能腾空数米捕杀岩羊，是雪域秘境的大侠——"妙手空空儿"。雪豹在全世界已成濒危珍稀的保护动物，能否在此一睹雪山之王的尊容，那只能靠你的运气了。

盘羊、藏羚羊、白唇鹿、马鹿等也能看到，只是群体较小。时常有成双成对的金雕、猎隼，成群的秃鹫在天宇中翱翔，让你的思绪会随着它们刚劲的翅膀飞上九霄。

在蓝天白云和崇山峻岭中打猎，这是一种古老的谋生手段，也是一项同样古老的运动。都兰国际猎场，经过多年的经营，不断地转换理念，现已成为一处以保护和科研为主题的青藏高原野生动物的公园；成为一种人们亲近自然、感悟造化的奇特的场所。凡是去过都兰猎场的专家学者、野生动物保护者和外国猎人都有这样的感触——不虚此行，终生难忘。

无字天书——贝壳梁

从宗加镇政府出发，向盆地中心走去，沿着曲曲弯弯的小道，终于穿出了红柳带，开始进入盆地的深处了。地势更加低凹，在苍苍茫茫的背景中，出现了一道浅白色的沙梁，十分显眼，好似一条巨大的怪鱼横卧在戈壁荒滩上。这条长约1公里、宽约百米、高约30米的沙梁，原来全是由五分镍币大的贝壳堆积而成。贝壳洁白如玉，大小如一。

大千世界，真是无奇不有，在这么干旱的大戈壁上，在远离现

航拍贝壳梁——犹如一条巨大的史前海底怪兽

近拍贝壳梁——贝壳纹理清晰,恍然身处海底世界

今贝类生存的地方，却有这么多大海的生物遗骸！当你捡起一个贝壳时，你会觉得这是一个沉寂了数十万年的生命，是一个不灭的灵魂在你的掌心中呻吟。它从哪里来？它沉睡了多久？一连串的问题会唤起你对自然的无穷遐想：亿万年前，这里是汪洋世界，浩浩淼淼。下有鱼龙嬉波，上有翼鸟翱翔，

沉寂了数十万年的生命，一部记载着天地沧桑的巨书

并有无数贝类沉浮其间。又过了千万年，昆仑、祁连山系从波涛中升起，大海渐隐，古陆显现。当最后一排巨浪滚滚远去时，把它裹挟的亿万贝壳特意留在了这块大地上，最终成为一部记载着天地沧桑的巨书。

七月流火冰瀑天降

穿越克错草原的花海，向东南而行，是一条宽阔的山沟。沟中溪水潺潺，沟两边绿草如茵。渐行渐窄，两边悬崖相逼，危石欲坠。山冈上巨柏成林，有的如虬龙盘卧，有的如顶天巨伞。柏叶青翠欲滴，柏香扑鼻，如临仙境，气象森然。

山沟尽处，两山对峙处，见一巍峨的冰山，横亘山口，高30余

夏日冰瀑（左为作者程起骏，右为学者朱世奎）

冬日冰瀑——瀚海
阑干百丈冰

米，宽 40 多米。如刀削斧砍，壁立如瀑，这就是柴达木盆地的一道奇景——夏日冰瀑。远看冰瀑如琼楼玉宇、塔柱相连；近看冰上似有梅花万千、翠竹潇潇，仿佛还有无数玉佛静默坐禅，隐隐约约似有还无。冰瀑之下，参差悬挂着万千粉丝一样的冰棒，每一支冰棒上吐出点点清露，滴滴答答，如珍珠绽线，如清泪点点，最终汇成清澈的小溪，向克错花海流去。相传，这冰瀑是克错山神作法时，双脚所踩之处，妖魔扎帕拉移来的万重雪山都融化了，唯有山神脚下的这块冰雪，没有来得及融消，就成了今日的冰瀑，冬夏不消，万年如斯。大自然的神工鬼斧和刻意安排，真叫世间的凡夫俗子们不可思议!

在 108 眼温泉中洗去尘世的烦恼

美丽的热水河，近年来名扬中外，原因是著名的古墓群就散落在它的两岸。而在那热水河的源头处，有 108 眼活蹦乱跳的温泉群，却鲜为世人所知。

我第一次见到热水温泉是在隆冬季节。我同我的伙伴希候巴骑马经过 3 小时的路程来到了这里。

我俩立马在一岬壑之上，唯见风景这边独好。四面雪峰矗立，群山苍茫幽远。冬日的山野格外的静谧沉寂。远处山谷底处，却被一大片茫茫白雾所笼罩。走近一看，原来这里是一个非常古老的死火山口。这火山可说是死而不僵，在熔岩和火山灰形成的粥状岩石上，有许多大小不一、深浅不同、形态有别的泉眼。喷着、冒着、

在温泉中洗去尘世的烦恼

溅着滚烫的泉水，每个泉眼都冒出腾腾水汽，暖烘烘的使人感到好像进入了一个有千百个蒸笼的大厨房中。有一泉喷出的水柱足有 5 米高。好似一面水珠做成的大旗，在微风中向四面飘动。水蒸气弥漫天空，有七彩虹在冬日的雾气中时隐时现，十分壮观神奇。这里海拔 4 200 米，但每个温泉的温度都在 80 摄氏度以上。更为神奇的是，在这些温泉的滋润下，这个山谷周围的草地，在三九寒天仍芳草如茵。点地梅、蒲公英的花开得和夏日一样灿烂，到处是生机勃勃、春意盎然。突然，我发现有两只水獭在悠闲地晒太阳。我大喊了一声，它俩才慢慢腾腾地跑进了谷底的热水河中。河水清如碧玉，有很多六七寸长的鱼在碧波中游来游去，如云起云落，自在极了。

老希候巴的家距离温泉不远，所以，他知道这温泉的根底。他说这温泉一共是 108 眼。可是小时候，他和几个同伴细细数过泉眼数，数来数去总数不够 108 之数。可是那眼喷水最高的泉，当时喷出的水足有七八米高。

希候巴说，在他 15 岁那年，从天峻县阿孛达勒寺来了一位有学问的老喇嘛，在温泉行佛事，是他指点迷津，终于凑够了 108 之数。老喇嘛领着他们来到了一洼浅水处，叫他光脚板站在水中的两个地方，脚掌立马被烫得跳了起来。原来这两眼泉只有豆儿大，隐藏在水洼里，这叫渗泉；另两眼泉在一石洞的顶上，滴滴答答地流淌着热水，这是悬泉；还有四眼泉已经干涸了，只留下了熔岩形成的石嘴还张着，隐没在草丛中，这是枯泉。老喇嘛告诉他，这 108 眼泉在大藏经《甘珠尔》中早有记载。经书上说：很久以前，这里是安多地区水草最丰茂的地方之一。这里人心存良善，个个乐善好施。有一年，瘟疫却像黑色的旋风一样刮了过来，众生顿遭苦难。有西方金刚菩萨发慈悲愿，骑白象来到此地，为众生驱瘟救苦。用她的法器金刚杵，在莲花般盛开的群山之中央，按花蕊妙曼之形，用杵点了 108 次。点到之处，有泉水喷涌而出。众生饮之、洗之，病痛立除。这就是传说中的今日热水温泉群的来历。所以，安多地区的蒙古族和藏族群众，都把这温泉群视为神圣之地。每年夏季，有不少蒙古族和藏族群众，亲朋相邀，举家驮着帐篷来此沐浴，叫"坐热水"。据说有很好的疗效，对腰腿病的疗效更为显著。

这年夏天，我和希候巴同志趁工作的暇余，又一次骑马去热水沐浴。

夏日，温泉地区的景色和冬天大不一样。没有了云遮雾障，四山青翠欲滴，群峰献愁供恨；泉水哗哗作响，顺山坡流下，处处芳草碧连天。时有满天稠密的黑云与白云，但天遂人愿，一会儿又消失得无影无踪，蓝天一碧如洗。温泉四周的山坡上，散落着几顶黑色和白色的帐篷。一座由青石板叠起的煨桑台上，一缕淡淡的

泉水流万年　峭壁成琉璃

桑烟在绿草间袅袅升起直上蓝天。这桑烟表达了坐热水的人们对温泉的虔诚和对大自然的敬畏。

坐热水还有一定的规矩。原来在群泉的下方，是一面由铁青色火山灰形成的石坡，坡下是滚滚的热水河。这面石坡长100多米、宽30多米，在中间隆起一道小山梁，把石坡变成了马脊梁。而两面坡上各有一个天然的沐浴池，与城市通用的瓷浴盆十分相似。因此，这浴盆就分男左女右而各自专用，中间被小山梁遮得严严实实。滚烫的泉水从坡顶流下，有自然形成的细渠通到"浴盆"之旁，浴者可随时引水入池。满了可用一片石块将热水挡住。需要凉水时，坐在浴盆内既可舀到下面的河水。这一切都由大自然安排得妥妥当当，你只管尽情的沐浴。这水中一定含有某种矿物质，那热水腻滑如脂，洗后保你满身通泰。真诚感谢大自然给我一次终生难忘的沐浴。这"浴盆"还有一个放水口，洗完后，取掉挡水石，放大热水，一会儿就冲得干干净净了。

喷珠溅玉的温泉水

当我和希候巴享受了这大自然的沐浴，准备回去。这时，住在那几顶帐篷中的藏族群众一齐拢了过来，一定要请我们吃点东西再走，我们只好客随主便。但他们并没有按习惯将我们请进帐篷，而是请到了一眼温泉之前。泉边的草地上铺着一大块华丽的栽绒地毯，上面摆着几大盘新宰的羊肋巴，一大块新鲜的牛腿肉，还有一瓶白酒、油饼、馄锅等食物。

那温泉像一口直径一米多的白色大锅。满"锅"中有白色的水花翻滚跳动，泉中心的水花足有20多厘米高，热气逼人。主人们在每块肉上拴了一根细绳，绳头系在一块小石块上，放在泉边，然后将羊肋巴和牛腿肉放入泉中。这样做是为了便于捞取，因为这"锅"有半米多深，煮肉容易捞肉难。当然，也是为了给自家的肉块打个记号，以免弄混了拿错肉。

几大块肉同时放下去，那翻滚的水花依旧，没减半寸。可见这泉水温度之高。仅过了10多分钟，主人们就将各自的肉块提了出来，放在了大盘子中，相互真诚地礼让着，请客人吃自家的那份肉。这可是正宗的开锅肉，藏族著名的风味食品。其肉略带血丝，红白相间，鲜嫩极了，没加盐和调料保存了肉的原汁原味。

这几位群众除一户是当地热水乡的人外，其他几位来自青海海南、果洛，还有一位是从四川阿坝来的藏族。

大家谈得十分开心，真像是一家人久别重逢。谈的最多的话题还是这温泉。那位热水乡的人说，有一年在这里行佛事，眼前这口泉一次就煮了一头牛。只有我提了一个不合时宜的问题，我说，这温泉附近的大小山洞中，有密密麻麻的水獭爪印，看来水獭多得很，你们打到过水獭么？这一问使这几位藏族同胞深觉诧异。他们几乎是众口一词地说："水獭是金刚菩萨座下的神兽，是温泉的保护者，水獭没有了，温泉就会干涸。"

这是我第一次听到水獭和温泉的关系。当时听得新奇，现在看来，这是生活在昆仑山中的藏族同胞的一种朦胧而朴素的生态平衡观。

但愿水獭常存，温泉常流。

心入花海花山中

　　克错草原在距县城东南约 30 公里处，平坦宽广，四周青山隐隐，芳草无穷。草原之东边有一大山拔地而起，雄浑巍峨，形如王者之冠，傲视八方，山头常有云遮雾绕，带几分秀媚、几分神秘！这就是蒙古族和藏族信奉的克错神山。这片草原由此而得名。

克错花海美如锦

相传克错山神是一位气宇轩昂、英勇俊美的勇士。他头顶银盔，身着白袍，跨一匹日行千里的白龙马；右手执丈八降魔铁矛，左手悬一面九龙争珠铜盾牌。武艺超群、勇冠雪域。他奉天神之命，扫荡横行雪域大地的妖孽扎帕拉，扎帕拉凶狠歹毒，妖术高超。克错山神与扎帕拉大战九百九十九个回合，才将扎帕拉打翻在地，矛尖直指扎帕拉的心窝。扎帕拉向克错山神求饶：“大神，请您放我一马，我将永不再造孽，为害四方。”山神信以为真，收矛摧马而归。走着走着，便困了起来，他下马解鞍，让战马吃草休息，他自己也躺在草地上，用盾牌遮住七月如火的太阳光，沉沉入睡。尾随的扎帕拉见状大喜，他立即作法，调来冰山千万座，一齐压在了山神的身上。山神的战马围着山神嘶鸣如雷，但无法惊醒主人的酣梦，只得奋力向西北方的罗斯沟跑去，以避大难。现在刻在罗斯沟岩壁上的那匹无鞍骏马，据说就是克错山神的坐骑。

　　万重雪山压得克错山神喘不过气来，他终于醒来了，也明白了是什么缘故。他立即口念真经。那盾牌上九龙所争的珠，原来是一颗纯阳之精的火母石。说时迟，那时快，霎时间，火母石喷出烈焰万丈，九条火龙围着火母石飞腾旋转，天地如炉。那万重雪山倾刻间冰消雪化。妖孽扎帕拉也被烧为灰烬。灰烬随风西去，落在了戈壁荒漠上，变成了难看、难闻的黄花棘豆毒草。

　　克错山神战胜妖孽，澄清四域，天神很是高兴，要赐赏克错山神宝物万千，任他挑选。山神说：“万样之宝，只能悦我之目，不能悦我之心。我希望天神赐我一片鲜花盛开的地方。花是天地灵气之所聚，大美无言的佐证，可养我之心，牧我之马。”

　　天神微微一笑说：“这有何难。”立命散花天女完成这一任务。天女在云端中，倾斜花篮，便有万千各色鲜花纷纷扬扬落在了克错草原上，于是克错草原就成了花的海洋。

　　从那以后，每到夏季，克错草原百花争艳，香飘百里，确实如一色彩斑斓的花海。

　　“一叶一乾坤、一花一世界。”在这花的世界里，每一种花有她独具的芳容艳姿，性格禀赋，绝不雷同。那金黄色的点地梅与针茅为伍，如万点碎金，撒在碧玉丛中。她们与茅草共享蓝天白云，相互帮扶，相伴终生，其乐也融融；锦鸡儿、虎耳草、野玫瑰则孤立自傲，不与它花为伍。东一朵，西一朵，临风独立，孤芳自赏，然后随风而去，不知所终；更多的花喜欢群居，好凑热闹。如蜜濛花、红景天、风毛菊、马兰花、木旋花等，她们以家族为伍，各自组成宏大的方阵，各占地盘，布满山野、河畔，争奇斗艳、如火如荼，姹紫嫣红、如潮汹涌，花满天涯。

欲观花海全貌，须登上克错山腰，方见这些花阵各有其形，如云纹舒展、如吉祥的海螺，竞显花海博大的气势，天地暗藏的玄机。身临其境，唯见万花为你而笑，眉眼盈盈处，风情万种，使人顿感：红满大地花如锦，绿到天涯愁成烟，忘却了今夕是何年？

青海最大的枸杞生态园

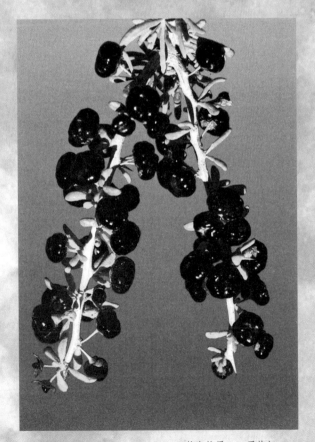

柴达木盛产黑红两种枸杞，史书有载。《北史·吐谷浑传》记："吐谷浑北有乙弗无敌国，国有屈海（青海湖），海周回余千里。众有万落，风俗与吐谷浑同。然不识五谷，唯食鱼及苏子。苏子状若中国枸杞子，或赤或黑。"这是有关柴达木产红黑枸杞的最早记载。乙弗无敌国是由鲜卑乙弗部

瀚海仙果——黑枸杞

这颗颗如红玛瑙的枸杞凝聚了天地的灵气

与当地卑禾羌人在今日天峻地区建立的一个地方政权，距今1 580多年。说明那时候，红黑枸杞亦成为羌人、吐谷浑乙弗人和其后进入柴达木的吐蕃、蒙古等民族的一种重要食品。著名的俄国探险家普尔热瓦尔斯基于1870~1883年，两次进入柴达木探险，取得了重大的科研成功。他的专著《走向罗布泊》一书轰动世界。其中对柴达木枸杞作了如下描写：

"这里的土壤多含盐碱，不适于多种植物生长。只有几种沼泽草在个别地方形成了一片片草地，其余地方都长满了高1.2~1.8米的芦苇。此外，在比较干燥的地方有不少沙棘，这种植物我们在鄂尔多斯和阿拉善都已见过。但是，这里的沙棘高达3米。它的果实甜中带咸，产量很高，是柴达木人和动物的主食。当地的蒙古人和唐古特人（藏族）在晚秋时节采摘挂在枝头的沙棘果，存放起来，作为一年的口粮。人们将果子用水煮过后，搋在糌粑里吃，还喝这种又甜又咸的果汁。柴达木所有的鸟兽都吃沙棘，连狼和狐狸也不例外，骆驼也很喜欢这种美味。"

笔者在柴达木工作30年，干的是基层工作，亲见枸杞在人与野生动物食谱中的重要地位。在柴达木有着广大的野生枸杞和其他沙棘植物林。解放前那里的粮食十分金贵，所以藏族、蒙古族群众从秋初就开始摘枸杞及沙棘的果实，晒干后可煮茶喝，更多的是和在青稞中，磨成糌粑，这样就可节约粮食。而且这种糌粑味酸甜有香气，很好吃，也很顶事，早上吃一小碗，就能挺到天黑。那时候，人们吃不上蔬菜、水果和糖，枸杞就是上天赐给他们的营养食品。柴达木盆地的蒙古族和藏族体魄强壮，能吃大苦耐大劳，这可能与他们祖祖辈辈吃三刺果有一定的关系。改革开放后，人们的生活水平提高了很多，三刺食品淡出了他们的食谱。以我之见，这一道食谱应永久保留，代代相传，或开发出有地方特色的枸杞糕点等多种三刺食品。

再说说柴达木野生动物吃红黑枸杞的事。有很多野生动物都吃红黑枸杞及沙棘的果实。这说明野生动物在千万年的进化中，早已熟知枸杞等植物的果实有着很高的营养价值。普尔热瓦尔斯基说："柴达木所有的鸟兽都吃沙棘。"这可能表述有误，但狼、狐狸和棕熊吃枸杞和沙棘则为亲见。它们夏天吃鲜果，秋冬吃干果。这使它们一个个毛

枸杞红了——柴达木建成了中国最大的成片枸杞园

棕熊一家三口吃饱了枸杞踏上了回家路

色鲜亮，膘肥体壮。那千万只飞鸟铺天盖地落在枸杞林上啄食鲜果景象壮观；晁古尔典是察汗乌苏西滩人。他用铗子逮到一只狼，请我去吃狼肉。到他家时，他正在收拾狼肚子。他将肚子倒出时，发现狼胃中有不少还没来得及消化的枸杞子，老晁深感惊奇。他说："你看！这狼也会保养身子，吃了这么些枸杞子。"棕熊对枸杞更是情有独钟。它们在入冬前需猛吃枸杞、沙棘干果，为半年的冬眠储备足够的能量。我曾在远处看到棕熊吃枸杞，十分专注认真，对我这个看客不屑一顾。我的蒙古族朋友多尔吉给我讲过一个故事。他是都兰县诺木洪人。解放初，他在诺木洪河的下游发现了一块好牧场，便扎下了毡包。河对岸是盐碱滩，生长着一些稀稀拉拉的黑枸杞，一眼望不到边。时入深秋，第二日早上，突然发现黑枸杞林中有一只很大的瞎熊在游荡。它要过河，那他们家的人畜就凶多吉少。全家诚惶诚恐，准备搬家。但多尔吉的父亲观察了一个时辰后说："那班布（熊）一心一意地吃哈里门赫（黑枸杞），望都不望一下我们，它不会过河。"

　　果然那熊每天从早到晚吃黑枸杞，一直吃到下了一场大雪后才不见了踪影。这中间一次也没淌河到多尔吉的草场。多尔吉对它心

枸杞宝果红遍大地

存感激。河水结冰后，多尔吉赶牲口过河，叫牛羊也吃吃落在地上的黑枸杞干果，抓抓膘。在一个大沙丘之下，多尔吉发现了那只棕熊的洞，十分隐秘。熊在洞中睡觉，他把耳朵贴在地上，能听到熊的打呼声。他没有把熊洞的秘密告诉公社的民兵，算是知恩图报。因为那时候熊被列为害兽,是消灭的对象之一。第二年那熊又在黑枸杞林中出现了，还领着三只小熊。第三年同样领着三只小熊，出现在这里。多尔吉也是个猎人。他说，熊一般一年只生一个熊娃娃，少数能生两个，三个的没听过。这熊年年生三胎，可能是吃了黑枸杞的原因吧！那黑枸杞"劲道大"，他的意思是黑枸杞提高了熊的生育能力。

今日的柴达木人发扬光大了先祖们开创的枸杞业，在诺本洪地区建成了 12 万亩的枸杞园。昔日的茫茫戈壁滩，夏日里绿满天涯，翠色无穷。到了秋天，硕果累累，铺天盖地，景象动人，成为这里经济的支柱产业之一，是柴达木最亮丽的一道生态旅游风景线。一颗颗红色的枸杞，闪烁着宝石的光泽。国内外枸杞商家称红枸杞为"红玛瑙"，称黑枸杞为"黑珍珠"。这黑枸杞形态禀赋独特，营养成分大于红枸杞，据营养学专家称，黑枸杞兼有冬虫夏草和人参的营养功效。是柴达木聚宝盆中的又一珍宝。只是黑枸杞均为野生，产量少，目前正在做人工栽培试验。这红黑宝果，充满着绿色的希望……

神秘的诺木洪蘑菇王

诺木洪的蘑菇王

在柴达木盆地 20 多万平方公里的土地上，野生植物种类繁多，有 400 余种，禀赋各异，价值不同，分布在高山、戈壁、荒漠、沼泽和盐滩。许多野生植物是青藏高原和柴达木盆地所独有，具有很高的经济、观赏和科研价值。

在柴达木野生植物百花园中，巨型野蘑菇可说是一枝独秀，绝无仅有了。产于诺木洪的巨型蘑菇，最大的直径有 35 厘米，重达 2 千克，色白如玉，肉厚质嫩，浑身散发着幽兰的香味，食之醇甘，其味之美难以言表。其型其味，堪称蘑菇之王。

此物十分神秘，不但体型超大，而且它只生长在几亩见方的一块土地上。像土豆一样生长在地表下，但生长极为迅速，每年七月的某个时刻，若见地表微微隆起处，伴随着一阵轻微的颤抖，蘑菇王们就排队出世了。有经验的老牛们，闻风知味，早早地恭候在旁，见地表颤动时，就立即用牛唇推开地皮，先食为快，大饱口福。据说凡吃了蘑菇王的老牛们，一个个都长得膘肥体壮，毛皮如锦缎。这是以前的事。现在人们知道了蘑菇王的价值，在蘑菇王出现之时，人们就把牛群赶得远远的，老牛们只好"望菇兴叹"了。据专家们评定，这种蘑菇在全世界也是罕见之物。它的生理特性、食用价值，以及为何只生长在这块特殊的土地上，应定什么样的学名，都还在进一步研究之中。

蘑菇王，是柴达木聚宝盆又一个特殊的生物符号。

昆仑深山的古刹——香日德寺

　　佛教讲究万物皆有缘。而地处海西州都兰县的香日德寺，因与十世班禅大师有着深厚的缘分，而被载入史册。

　　香日德寺坐落在巍峨的昆仑山下，悠悠的柴达木河畔。寺院三面环山，一面临水，挺拔葱郁的白杨林，把寺院团团包围。每当夏日，寺院的红墙绿瓦、金轮宝顶掩映在密林翠色中，衬托着远处白雪皑皑的峰峦。近处黛色的山冈，青翠如洗；无边无际、香飘百里的油菜花，灿然如金，还有那奔腾不息的柴达木河从寺院山门前浩荡西去。这景色恰如一幅水天寂寥、疏淡简约的天地之画。时有僧人的颂经声、鼓钹海螺声从深深的经堂中传出，时高时低，时紧时慢，如潮声乍起乍落，给寺院平添了几多的肃穆和神秘。

　　寺院始建于乾隆四十四年(1780年)，是一位名叫德钦拉仁文的蒙古族喇嘛化缘修建的。寺院分两部分，一处为宗教活动场所，藏族称之为"德钦颇章"；另一处是专门接待进出西藏的活佛、僧人、官员、使节的招待所，藏语叫"德多拉让"。其后，寺院

庄严的大经堂

年久失修，本世纪初，遭洪水冲毁。由于此地在历史上为班禅属地，所以在1924年，由九世班禅却吉尼玛出资，在遗址上建成寺院，并将"德钦拉让"正式易名为"班禅驻西宁办事处香日德站"，又称"班禅行辕"。寺院主持和行辕之管家均由班禅派出。

跨进庄重雄伟的山门，禅院清爽，一尘不染，白杨萧萧，浓荫蔽日。碎石镶嵌的小径以"井"字形铺向四方，处处细草如茵，颇有佛天福地的风光。

寺院占地50余亩，是组"回"字形的建筑群。大经堂居其中，分上下两层，嵌有藏式大窗30扇，红褐色的高墙上，饰以深咖啡色的金露梅茎杆，显得深沉庄重，古色古香。经堂门楼是斗拱排檐的汉式结构，雕梁画栋，精巧玲珑。经堂内面积300多平方米，可供数百人跏趺颂经。堂内有32根云纹托基的朱红巨柱，气势雄宏。上方正中，设有班禅大师讲经的莲花宝座。两边梯阶形的供台上，供奉着菩萨、度母、护法、金刚诸法像。姿态各异，栩栩如生。古版《甘珠尔》《丹珠尔》等经典及医书数百部，陈列在两壁巨大的书橱中。

香日德寺有着深厚的历史渊源。1717年，游牧新疆的蒙古准噶尔部突袭西藏，造成极大动乱。1719年康熙派皇十四子允禵为抚远大将军，侄子延信为平逆将军，率大军护送七世达赖格桑嘉措入藏，平定叛乱。大军行至香日德，筹办军粮、马匹，调集柴达木各蒙古、藏族随征兵员；这期间，七世达赖就驻在今香日德寺址，接受各王公千户的朝拜献礼。按藏传佛教仪轨，凡达赖、班禅，有过重大活动的地点，信教僧众就会修一建筑物，以示纪念，这就是香日德寺肇始之源。此事在黎丹咏柴达木诗中已有记述：

待寻延信行军处，

定有参天万柳林。

转经长廊

说的就是香日德寺这一地方。

1913年，十三世达赖从内地返藏，曾居此寺。1937年九世班禅圆寂于玉树，而班禅堪布会议厅的主要人员，留在香日德寺，并从此寺筹划寻得转世灵童，即十世班禅。1949年，十世班禅为了摆脱国民党政府的要挟，率全体堪布、卫队避居香日德寺。青海解放，十世班禅从香日德寺向中央人民政府发出致敬电，电文如下：

北京中央人民政府毛主席，中国人民解放军朱总司令钧鉴：

钧座以大智大勇之略，成救国救民之业，义师所至，全国腾欢。班禅世受国恩，备荷优崇。二十余年来，为了西藏领域主权之完整，呼吁奔走，未尝稍懈。第以未获结果，良用疚心。刻下羁留青海，待命返藏。兹幸在钧座领导之下，西北已获解放，中央人民政府成立，凡有血气，同声鼓舞。今后人民之康乐可期，国家之复兴有望。西藏解放，指日可待。班禅谨代表全藏人民，向钧座致崇高无上之敬意，并矢拥护爱戴之忱。

班禅额尔德尼　叩

一九四九年十月一日

不久，中国人民解放军副总司令彭德怀代表中央政府，给十世班禅发来了回电：

十一世班禅确吉杰布
视察香日德寺，并给
广大僧众弘法

班禅额尔德尼先生：

　　来电敬悉。查西藏乃中国领土，在国民党卖国政策下，遭受帝国主义蹂躏，致全藏人民陷水深火热。今我人民解放军在中央人民政府毛主席领导下，即将解放全国，摧毁国民党残余，驱逐英帝国主义者一切侵略势力，求中国领域之全部独立与解放。西藏解放，已可预期。尚望先生号召西藏人民，加紧准备，为解放自己而奋斗。

彭德怀

一九四九年十月二十三日

　　同年十一月底，毛泽东主席、朱德总司令给班禅大师发来复电：

班禅额尔德尼先生：

　　接读十月一日来电，甚为欣慰。西藏人民是爱祖国而反对外国侵略的，他们不满意国民党反动政府的政策，而愿意成为统一的富强的各民族平等合作的新中国大家庭的一分子。中央人民政府和中国人民解放军必能满足西藏人民的这个愿望。希望先生和全西藏爱国人士一致努力，为西藏的解放和汉藏人民的团结而奋斗。

毛泽东　朱德

一九四九年十一月二十三日

1950年6月，都兰县人民政府正式建立。根据省委书记张仲良、省长赵寿山的指示，县委书记方兴偕同县长宫保加、副县长汪德海等，专程去香日德寺会见班禅大师。是日，天气晴朗，风和日丽。班禅堪布会议厅举行了隆重的欢迎仪式，主要成员恭候寺门两旁，200余人的班禅卫队列队行持枪礼。班禅亲至客厅门口迎接造访客人，互赠礼品。方兴传达了省委领导对班禅的亲切问候，并向班禅大师阐述了党的民族政策及牧区工作方针，班禅大师则表达了他本人及堪布厅全体人员对中国共产党及中央领导的无限敬意，对中央领导给他的回电感到由衷地感激。这是十世班禅第一次正式接触我党代表，意义深远。从此，班禅大师在他爱国爱教的光辉历程中，跨入了一个全新的境界。

　　此后，班禅大师曾先后三次莅临该寺，为寺院的建设和民族团结、建设藏区作过重要指示。由于有了以上的种种渊源，香日德寺在藏传佛教寺院中占有重要的地位。

　　由于上述所蕴含的历史，香日德寺被定为省级藏传佛教爱国主义教育基地。

　　2013年7月6日，十一世班禅确吉杰布专程到香日德寺视察。他冒着酷暑为数万蒙古族、藏族信教群众诵经弘法，摸顶赐福。他心怀敬意，仔细瞻仰了十世班禅大师诵过经的经堂、莲花宝座，还有十世班禅及其父母的起居室遗址等。其间，他再三强调，要求寺院僧众一定要遵循和发扬十世班禅大师爱国、爱教、慈悲众生的宏愿，努力办好爱国主义教育基地，为增进各民族团结和睦、共同进步作贡献。

　　香日德寺如一株吉祥如意的宝树，上面结着两世班禅因缘相继之硕果。

民间：

麻雅神山的传奇

　　从都兰县城察汗乌苏镇沿青藏公路西南行至450公里处，路之右侧突见一座大山拔地而起。山势雄浑，山色如玉，黄白相间，形如一座巨佛端坐，眉目俱全，神色庄

麻雅神山的风采

严，亦悲亦喜，这就是安多地区著名的麻雅神山。蒙古族则称其山为诺彦山，即王者之山。山上有一天葬台。在山之东侧，有一奇峰，高踞云端。此峰形如一只史前巨蜥，四肢清晰可辨。引颈长啸，欲将腾空，其势摄人心魂。麻雅神山和巨蜥峰遥遥相望，热水古墓群就在这座山峰的四周。当地藏族群众说，很久以前，这片大地被一魔头占据。他聚敛了无数财宝，深藏在大大小小的洞穴之中。魔头为非作歹有年，有大英雄格萨尔闻声救苦，便率领麾下的众英雄从西而来，与魔头大战三天三夜，难分胜负。魔头喷出毒火，天地如炉火熊熊，格萨尔难以抵挡，麻雅山神伸出援手，用大袍压灭了毒火。格萨尔方能开神弓宝箭，射向魔头。此一箭挟万千雷霆，直奔老魔的额头，魔头低头躲过，箭头将山体铲去一块，在那巨蜥一样的山脊上留下一个三角形的豁口。于是便有了"勾由合"之山名，藏语为躬腰的山，而在海南共和县的大草原上有一孤兀的小山，据说就是由格萨尔箭头铲下的山体落地而成。最终魔头不敌格萨尔和麻雅山神的内外相攻，便逃之夭夭。那魔头留下的无数藏宝之洞就成了今日热水古墓群。

这里的蒙古族和藏族群众对麻雅神山十分崇敬。他们的先祖们流传下来了一个传说，说虔诚地绕神山一圈，就能给人带来好运。所以，此山也叫好运山。每年夏季，蒙古族和藏族群众都要举行盛大的转山仪式，祈愿神山赐好运。

乌兰，地处柴达木盆地东北，境内有古老的茶卡盐池，故成为柴达木古文化最早的发祥地。进入南北朝时期，乌兰成为丝绸南道的要冲。由于特殊的地理位置，又使乌兰成为柴达木盆地接通现代文明的一扇大门。

往事:
文风西进柴达木之门

　　乌兰，蒙古语"红色"之意。地处柴达木盆地东北，境内有古老的茶卡盐池，故成为柴达木古文化最早的发祥地。进入南北朝时期，乌兰成为丝绸南道的要冲，曾出土东罗马帝国金币一枚及其他珍贵文物；由于特殊的地理位置，又使乌兰县成为柴达木盆地接通现代文明的一扇大门。

　　近现代社会发展的标志性事物，如采盐、开矿、商贸、邮政、电报、修路、办学及移民开荒种地、植树等，在盆地都是先在乌兰做起，然后再向盆地四方散布。鸦片战争后，西方世界渴望了解柴达木这片神秘的土地。于是便有大批探险家进入盆地，绝大多数是以乌兰县为基地开展活动。其中以俄国人普尔热瓦尔斯基，瑞典人斯文·赫定最为出名。他们不但在考察中取得了重要的科研成果，而且在他们的专著中，对柴达木原始古朴的风光，神奇的野生动植物，敦厚的风俗民情，作了传神的描写，将柴达木介绍给了世界。这是一种世界范围内的文化交流。

　　新中国成立后，更有大批的科研工作者进入柴达木，以乌兰县为起点，展开了全面深入的研究，对盆地的大开发作出了重大贡献。因此，乌兰县作为盆地文风西渐之门，功不可没。

人文:
千年重镇——茶卡

　　作别碧波万顷、千古如画的青海湖,沿青藏公路西行,迎面是逶迤的青海湖南山,从山下到山顶,碧草漫漫绿满目。汽车行至扎罕斯山顶,当你伫立于云缠雾绕的山口时,极目东西,你会发现,一山之隔竟是两重天。山之东,是"西海碧天云,芳草天地青",一派逶迤的草原风光;山之西,"春色几点四望旷,远山压雪玉为屏",一幅雄浑苍茫的瀚海景致。

　　此刻,朋友,你已经站在了柴达木盆地的门槛上。呈现在你面前的就是八百里瀚海。你看,远处有一个扇形的湖泊。湖水蓝盈盈地闪

茶卡盐湖风光:天光云影共一湖　盐山高耸接云天

着宝石的光泽，湖畔四周镶满白色晶莹的盐晶带，恰如一位佩戴银色项圈的少女，向远道而来的客人们伸开热情的双臂。这就是闻名遐迩的茶卡盐池。

茶卡，是柴达木盆地的东大门。四面由嵯峨峥嵘、白雪皑皑的大山环围，是一个雄奇而富饶的地方。

茶卡盐池的大型盐雕

茶卡藏语青盐海之意，茶卡盐湖由此而得名。盐湖总面积140平方公里，它是盆地四大盐湖中最小的一个。但总储量也有4.5亿吨之巨。其所产的天然结晶盐，是最优质的食用盐和工业用盐。盐晶大而质纯，色泽亮洁，白中泛青，故称"青盐"，粒粒如玛瑙翠玉。盐味纯正，含有多种微量元素，与其他盐湖的盐晶有很大不同，因此，早已蜚声中原大地，而且名列典籍。伟大的医学家李时珍在其所著的《本草纲目》中，专列"青盐"一条，认为青盐有很高的药用价值："青盐又名西戎盐，青盐碱寒出西羌，泻热凉血有特长，补肾兼能平吐衄，齿疼目痛用亦良。"看来，确系一味有多种疗效的良药。不但如此，青盐还与青埂峰下的顽石"宝玉"一道走进了《红楼梦》中的大观园，成为宝钗、黛玉姐妹们擦牙漱口的日常生活必用品。

茶卡盐湖是柴达木盆地中开发最早的盐湖。早在西汉时期，羌人就以"朝贡"的方式，将青盐带到内地。明清时期，青盐成为茶马互市的重要商品之一。但解放前，开发手段极为原始，规模十分有限，年产量从未超过千吨。

1950 年，国营茶卡盐厂正式成立。经过 60 年的努力拼搏，依靠科技的力量，茶卡盐厂已成为一个现代化的大型盐化工业集团。

茶卡在古籍中称咸池。据《吕氏春秋》记，黄帝作大型乐章《咸池》。《庄子·天运》中曰："帝张咸池之乐于洞庭之野，吾始闻之惧，复闻之怠，卒闻之而惑，荡荡默默，乃不自得。"屈原在《离骚》中写道："路漫漫其修远兮，吾将上下而求索。饮余马于咸池兮，总余辔乎扶桑。"又考古发掘，在茶卡发现了大面积青铜时期的文化遗存，还有一些尚未探明的南北朝时代的王者之大墓。

景点：

一座供奉 108 函金汁
《丹珠尔》大藏经的古寺

在乌兰县铜普乡塔延山的山坡上，有一座古老的寺院——都兰寺。这座始建于明万历十一年（1583 年）的寺院，由大经堂、时轮殿、尊胜塔、扎仓、拉让等组成的建筑群，背靠青山，参差错落，金碧辉煌，佛像庄严，是一派佛天福地的清幽风光。

这个古老的寺院是青海省海西州地区三大寺院之一。这个寺院有着不同凡响的声望。寺院的信教群众主要是蒙古族，活佛、僧众、施主也以蒙古族为主；寺院全盛时期的创建者是多罗郡王衮楚克达什。

古老的都兰寺

千手佛

他是统一了青藏高原的顾实汗的嫡亲子孙。他和儿子共同为扩建都兰寺做出了贡献，使这座寺院在青藏高原享有很高的声誉，清朝历代皇帝封赐不已。历史上，该寺院出了不少高僧大德，名震四方。

都兰寺最出名的是有一部用金汁所写的《丹珠尔》大藏经。全套共 108 函，每函重 70 市斤，一峰健驼只能驮四函。为何如此之重？原来制作金汁大藏经非同一般，要请西藏的僧人名匠，把几近全赤的黄金溶化为金汁，溶入宝石、珊瑚的细粉，达到预定的浓度，再用特别的工具，按预制的字图，以特定的温度浇在熟羊皮上，装帧而成。每一页都显得金碧辉煌，流光溢彩，宝气盈盈。凡见过此书的人，都会心生崇敬。工艺十分精湛独到，在青海的著名寺院中，仅此一家，弥足珍贵。另外，还有一部金汁《八千颂》，也是绝无仅有。

都兰寺的另一个特殊的地方，是该寺建有多罗郡王衮楚克达什的王府，是一处古色古香汉式四合院建筑。在正屋中供奉一尊"武圣"关羽的塑像。原来郡王的侧福晋是湟源汉族张姓富商之女。此女与郡王相亲相爱，知书明理，是郡王的贤内助。但她笃信"关圣人"。于是请求王爷在建寺时加修了一座关帝殿。关帝殿成为各民族文化交融的一段佳话。

盐池风光

　　茶卡盐湖有专用铁路与青藏铁路接轨，有专用公路与青藏公路相连，交通十分方便。自然人文景观独特，因此，茶卡盐湖已成为柴达木盆地东大门的一处旅游胜地，每年都有成千上万的中外游客来此观光旅游，一睹古老盐池的风采。

　　盐湖水域广阔，景色秀丽，由于含盐量极高，那湖水湛蓝如洗。湖的四周细草如茵，牛群羊群如珍珠般散落四处。还有那茶卡驼场的一群群骆驼，在坎巴草丛中漫步，神态庄重淡定，给从未见过骆驼的游客以很大的惊喜，并成为一道亮丽的风景。湖中有大型采盐船，如一条橘红色的龙，在如镜的湖面上游弋，穿行在映入湖中的蓝天、白云、雪山之间。岸边有大小火车来往奔驰。堆积的盐坨似雪山矗立。在盐湖边上还

盐池风光一瞥

可以欣赏千姿百态的盐树、盐花。在湖边的一些地方，还能看到由盐形成的波涛、盐钟乳，壮观奇妙。由茶卡的天然盐晶做成的大型盐雕群，创意奇妙，气势不凡，是有关盐的神话的再现，使国内外无数游客惊叹不已。

诗情画意的金子海

金子海，蒙古语"阿拉腾布拉噶"，意为"盛满金子的泉"。地处乌兰县西南的博浪沟，距县城80公里，是一个神奇而美丽的淡水湖。

湖面像一把巨大的梳子，被广阔的沙漠将其半围。而湖的东南部则是万余亩生长整齐的芦苇。南部为沼泽湿地，有数不尽的泉眼，经年不息地喷吐着晶莹的泉水，汇集成两条小河，千折百回地流入金子海。有了这源源不断清流的补充，再旱的年头，金子海的水位从不下降。这洁白如雪的沙、如翠玉屏围的芦苇、茵茵如毯的芳草、墨玉般的湖水，还有那蓝天、白云和青青的远山，把金子海装点得就像一幅寂寥清远、万古如斯的水彩画。这画面还随着四季交替、云散云聚、阴晴圆缺而不断变幻，美不胜收。

夏秋之季，如果你漫步在湖边，在不同的方位，会有不同的美景在等待着你。从西侧沙漠边上观湖，会叫人惊叹不已。在那深不可测的湖中，在蔚蓝的湖水下，似有一大片原始森林，郁郁葱葱，涌动不已，神秘莫测。原来是湖底铺满了嶙峋的怪石，其上长满了密密的水草，在水中摇曳不定，映出了一幅扑朔迷离的幻境。

凡是到过金子海的人，都有一个共同的感受，这湖光山色，好像有一种神奇的作用，它能使人忘却烦恼和忧伤，转归平淡和宁静。

在金子海的东岸，有一处规模宏大的古文化遗址，出土了大量的青铜器、石器和陶器。想必是3000年前的柴达木先民们，早已瞅准了金子海这方风水宝地。

诗情画意的金子海

为啥叫金子海，至少有两种传说。据说，在很久以前，牧人们曾见到有一匹金马驹从湖中踏波而出，在湖岸边打了三个滚，振鬃长嘶，绕湖飞奔三圈之后又潜入了湖中。至今，还有人在日出日落时见到过，有一群群大小不一的金马驹在水下来回奔腾，湖面上就有金光升腾，金子海就由此而得名；另一种传说是，当年成吉思汗西征时，

群鸟沐浴金子海

来到此地。有独眼鹅脖的魔头嘎顺拦在路上，并占据了行军路上唯一的一眼泉水。成吉思汗亲自执丈八铁矛，与嘎顺魔头大战三天三夜，终于一枪刺中了魔头的要害。魔头临死前，化作一座大沙丘封死了泉眼，致使十万铁骑无水可喝。在这生死攸关的时刻，成吉思汗坐在了嘎顺化成的沙丘之顶，从怀中拿出祭祀神明的金碗，献在沙丘上，向神明祖先作虔诚的祈祷。突然，金碗里泉

水喷涌，顷刻之间就化成了碧波粼粼的金子海，全军上下一片欢腾。

这些美丽的传说，反映了柴达木的先民们对生活的观察和理解，对大自然的崇敬和热爱。你看，在朝云满天或落霞如火时，金子海中就云锦万重，铄金闪闪，浩荡空灵，气象万千，多么像有一群群金马驹在湖底奔腾嬉戏！水是生命之本源，这方圆数百公里之内，因为有了金子海，才使荒漠戈壁成为了丰茂的牧场。这泉水不就是日夜流淌的金子吗？

如今的金子海已成为乌兰县的一个旅游热点。白天，你可以在湖上驾一叶小舟，观赏雁群起落，野鸭欢唱，鹤鸣九天，鱼翔湖底。还可在湖边滑沙、垂钓、听牧歌悠扬……

到夜晚，可在洁白的蒙古包中品尝喷香的奶茶、鲜嫩的手抓、甘甜的美酒，聆听古老的蒙古族传说和歌谣，体味浓郁的民族风情。

哈里哈图国家森林公园

哈里哈图国家森林公园在县城北部，占地广大，地貌多样。群山巍峨，险峰连环，岭如屏立。山岭或青或白，青的似玉，白的如雪，常有白云缭绕其间。柴达木盆地中最大的一片原始森林就散落在这青山白云之间。

山冈、山坡、山沟、崖顶上生长着茂密的祁连圆柏、祁连刺柏、云杉、冷杉，还有金露梅、银露梅等各种灌木集结成一片绿色的海洋，气势非凡；大山的底部是丰美的牧场，绿草如茵，百花争艳，香满山中；清澈的山泉从大山深处悄然流出，汇集成溪，向山下流去。时而匆匆，时而悠悠，随心所欲，自由自在，一路低吟浅唱，

似一把古琴，弹奏着永不休止的生命之歌。

这片广大幽密的生命摇篮，孕育着众多的生灵。哈里哈图就成了野生动物的乐园。在这里栖息着马鹿、白唇鹿、棕熊、石羊、马麝等，还有众多的鸟类。这些多姿多彩的生灵，使这片绿色大地显得更加神奇幽密。如果你的运气好，你就有与这些生灵不期而遇的缘分。

从远处看，哈里哈图的景色恰如一轴天地大画，风情万种。走近了始觉这里的每一个生命都十分精彩，各有各的活法。我们就说说这里的最大家族祁连圆柏吧。柏树林占山为王，整齐划一，千树一色，堪称"柏家军团"。但是当你站在柏树林下，你就会发现每一株柏树各有其形。有的如巨伞蔽天，其势雄浑；有的如众虬会聚，生机勃勃；有的如老僧坐禅，唯留一段光秃秃的躯干，但仍气定神闲，默守着"四大皆空"的初衷。

在柴达木盆地，只有在都兰、乌兰及德令哈市之一角，尚存不多的原始柏林。据说以前格尔木市境内也有柏林，但这已是明日黄花了。所以，哈里哈图作为盆地内最大的原始柏树林，可真是造物赐予的一份宝贵资源。盆地内，最古老的柏树已有了2 500多年的高龄。哈里哈图塔雅沟中有古柏数十棵，直径在一米以上，树龄在2 000年左右，崔嵬入云，苍劲勃发，似有神气，被当地群众称为神柏。挂满了吉祥

原始柏林生机勃勃

的哈达，表达了当地的蒙古族、藏族群众对柏树的崇敬，对大自然的
热爱。

其实，中华民族敬畏柏树，由来已久。认为柏树有君子之德，岁寒
不凋，历经风霜，不移气节，刚正不阿，忠贞不渝。故历代贤王明君、
良臣贤吏，大德大智者之园陵广植柏树，以彰其德。至今山东曲阜孔子
府、成都诸葛亮祠等古建筑中的古柏森森，令人望而生敬仰之心。

当你有机会来到哈里哈图国家森林公园，站在那一棵棵千年神柏
之下，闻着那幽幽的柏香，感受那柏树凌凌正气，此时此刻，你会对
人世人生有所感悟。这正是哈里哈图森林公园的魅力所在。

民间：
盐湖女神的传说

　　茶卡盐湖有个传说，很久以前有一位智慧如海的喇嘛来到茶卡地区。穷苦的牧人们向他询问幸福之路。喇嘛说，在你们前面的蓝色宝湖中，住着一千位巴里登拉木（女神），她们会给你们带来吉祥和财富。找到她们中的一位女神，就会指点你们到达幸福的彼岸。人们便绕湖而转，齐声祈祷。转湖百次，诚心感动了湖中的千位女神，她们一齐现身云端，玉手指向湖中，人们从湖中捞出了盐，变成了财富，得到了

盐湖女神的居所

幸福。成书于前清时期的《西宁府新志》载：茶卡"盐系天成，取之无尽，蒙古（人）用铁勺捞取，贩玉市口贸易，郡民赖之。"为此，每年的农历五月十五日，是一个吉祥的日子，方圆200多里的蒙古族群众，都要带上果酒、柏枝、献牲。来到盐湖边上，以最最隆重的仪式，向盐湖中的女神们献上虔诚的心愿，祈盼吉祥如意，生活美满幸福。

布哈河从祁连山的峡谷中奔腾而出，千折百回，湍急、喧嚣、奔涌不息地流向青海湖。到天峻地界水势渐缓，成为一条平静的泱泱大河。夏日，河岸边点缀着丛丛金露梅和沙柳。那金露梅的花儿灿然若金，沙柳花如晶润的红宝石，河岸上芳草铺满旷野、山冈。冬日，大草原呈一种尊贵的金黄色，温柔如梦。

造物偏爱天峻，不但赐给它无量的财富，而且给予了众多的美境。无论你从哪个方向走近天峻，都有殊胜的美境映入你的眼帘。

往事:
乙弗无敌国故地

布哈河从祁连山的峡谷中奔腾而出，千折百回，湍急、喧嚣、奔涌不息地流向青海湖。到天峻地界水势渐缓，成为一条平静的泱泱大河。夏日，河岸边点缀着丛丛金露梅和沙柳。那金露梅的花儿灿然若金，沙柳花如晶润的红宝石，河岸上芳草铺满旷野、山冈。冬日，大草原呈一种尊贵的金黄色，温柔如梦。

布哈河是流入青海湖的最大河流，因此，有了青海湖母亲河的美称。这条美丽富饶的大河，不但哺育了青海湖，而且成就了一个文明古国——乙弗无敌国。

西晋末年，民族大迁徙的潮流中，有一支鲜卑乙弗部从东北迁到今天峻地区，与当地卑禾羌人和睦相处，建立了一个虽小但富裕而文明的国家，史称青海王国或乙弗无敌国。《北史》记："吐谷浑北有乙弗无敌国。国有屈海（青海湖），海周迥千余里。众有万落，风俗与吐谷浑同，然不识五谷，唯食鱼及苏子，苏子状若中国枸杞子，或赤或黑。"

乙弗国大约在公元394年建国，全盛时疆域以天峻为中心，东以日月山为界，北达祁连山，西至乌兰，南界黄河与河南王吐谷浑国为邻，有众十万余人。

乙弗国畜牧业十分发达，乙弗人参与了良马"青海骢"的培育；乙弗人是柴达木三刺果最早的

布哈河畔繁花似锦

盛装的藏族妇女——白银的碗形饰品中承载着民族的历史、财富和希望

发现者和食用者，至今已有 1600 年的历史；乙弗人也是卢森岩画创作者之一，中期岩画很可能就出于乙弗人之手；乙弗人早期信奉萨满教，其后改信佛教。天峻县关角山下的西王母石室遗址，近年发现"长乐未央"、"常乐万年"铭文瓦当，这与《晋书》所载前凉酒泉太守修西王母寺，其后有北凉国王沮渠蒙逊"循海而西至盐池，祀西王母寺"等史料相互印证。说明乙弗人保护并信奉西王母；乙弗人还在布哈河两岸筑城堡数座，规模较大，遗址至今尚存。

公元 431 年，乙弗无敌国被强大的吐谷浑国收服，成为属国，故乙弗国有国约 37 年。过了 13 年，乙弗首领又降了北魏。并将儿子乙瓌送到北魏作人质。乙瓌一表人才，武艺高强，行为恭良，甚得北魏皇帝拓拔焘的器重，将自己最疼爱的女儿上谷公主嫁与乙瓌为妻。并赐乙瓌高官，委以重任。乙瓌之女又成为西魏文帝妃。乙瓌的儿孙们也都是文武全才，高官显爵，三尚公主，成为西魏皇室的显赫门第。

人文：
万年古洞藏大秘

《山海经》记载，万代敬仰的西王母"戴胜，虎齿豹尾，穴处"。这是说西王母住在一个石洞中。又《汉书·地理志》记载："西北至塞外，有西王母石室，仙海、盐池。"这条记载于正史中的王母石室，经中外学者们的多年寻访，最终定格在了天峻县关角乡"二郎洞"，也有学者认为所记石室就是湟源县宗加沟石洞群。

洞在天峻至茶卡 315 国道之中，距茶卡 60 公里。在山间一片宽阔的平地上，是一座孤立的小山，山之正中有一石洞，洞由主洞和左右偏洞组成。深 15 米，宽 10 多米，洞壁有天

天峻县关角乡二郎洞——史书所记王母石室

远眺王母石室

然形成的图案花纹，千姿百态，令人惊叹不已。此洞最早的发现者是东晋朝前凉国酒泉太守。公元345年，他上书前凉王张骏，说："酒泉南山即昆仑主体，周穆王见西王母，乐而忘归，即谓此山有石室，玉堂珠玑镂饰，焕若神宫，宜立西王母寺，以裨我朝无疆之福。"张骏同意在此地建西王母寺。据此，可以说关角石洞早在1660年前就已被发现，并在洞前修了西王母寺。过了68年，北凉国王沮渠蒙逊（匈奴人）征讨时踞天峻的乙弗国，专程前往西王母寺祭祀。发现这寺中还立有一通神秘的"玄石神图"，便叫中书侍郎张穆作赋颂赞，铭刻石碑，立于寺前。因此，关角石洞和西王母寺是见于正史的日月山以西最为古老的寺院建筑遗址。

上世纪末，考古学家在西王母石室前发现了一处大型古代建筑遗址，洞前有古堡城墙的残迹和大量残砖碎瓦。从中捡得铭有"长安未央"、"常乐万年"铭文的瓦当数方。此瓦当为前凉所建的西王母寺的遗存，印证了西王母石洞的古老和神秘。

这个石洞可说是一处"永久性的建筑"，先为代代相袭的西王母

美丽清纯的藏族姑娘

所居，历时数千年；到东晋时建西王母寺而受人间香火，到唐代有吐蕃高僧在此洞静修，遂有了"关角"之名。关角为藏语大藏经《甘珠尔》之意。相传格萨尔王的侄子叫吾叶什德合，在一次大战中阵亡，格萨尔王悲痛万分，拔剑砍下邻近的一个山头并用剑尖移至此处，又用剑在山体中戳了一洞，即成为关角洞，他在洞中为侄诵《甘珠尔》经文108部，历时9年9月9天，终于超度成佛。

这座历经万年的石洞，是古代西部各民族文化融和的见证。洞虽不大，但它蕴含着万年的人文秘笈，深邃玄秘，发人深省。此洞现已被开发为天峻县的一大特色文化旅游景点。

景点：
青海湖的妹妹哈拉湖

哈拉湖沉睡在祁连怀抱之中，面积606平方公里，是青海湖的妹妹。四周雪山环围，人迹罕至。湖水蓝得深沉诡秘，哈拉，蒙古语黑色。哈拉湖水色深蓝，蓝到尽处变成黑，哈拉湖即黑水湖之意。常有如絮的白云悬在湖上，湖色变幻无常。时有成群的天鹅翩翩飞过湖上，与远处的雪山、岸边的沙丘、蓝天白云共同组成了一幅洪荒原始的大画卷。据当地牧民说，湖中有"怪物"，在大雨落湖、黑云翻腾时，

"湖怪"就踏波而出，长劲圆背，形象吓人，到底有无，难下定论。但湖边常有野驴、棕熊，还有比大熊猫更稀有的普氏原羚出没，运气好的人便能亲眼一睹它那美丽矫健之身姿。如是，这处高山明湖的魅力，便会令你终生难忘。

祁连山下的哈拉湖

天峻神山

天造的红色城堡

从天峻县城西行 20 公里，便见一道雄浑巍峨的石岩峭壁，高低错落，酷似一座巨大的古城堡，岩色红如火，故藏族称此地为"快尔玛"，即"红色城堡"之意。据传此城是格萨王所筑。山顶是一片广大平坦的牧场，夏季绿茵遍地，花满天涯。冬季雪满山冈，冰清玉洁。每年农历五月，藏族群众在此山举行盛大的祭祀活动。

神山秘境观圣湖

境内的天峻山为环湖十三神山之一，海拔4 600米。其峰高入云天，色白如玉，形似宝塔。峰顶常有云雾缭绕，明晦无定。山上有幽洞奇峰，怪石成林，千姿百态，各有意趣。山腰苍松翠柏，溪流喷涌，百鸟鸣唱，岩羊登崖，香子隐林。东南悬崖绿白相间，状如梯阶，可顺阶攀登到峰顶。此处原来是一方数万平方米的大台地，平坦如镜，芳草直接蓝天。纵目南望，可看见100多公里外的青海湖，如一蔚蓝色的宝镜悬在天边，圣洁如画，奇秘似梦。

冰川冰雾水晶花

天峻县境内的疏勒南山，是现代冰川汇集之地，共有第四纪冰川400多条，是一个巨大的固体冰库，滋润着祁连山南北的广大牧场；也是一所天造的立体冰川公园，蕴天地造化的大美。冰雪世界、气象万千。最引人入胜的是冰雾和冰晶花。每到秋季，冰川下沿的沟叉崖涧中，那些茂密的金露梅等灌木上，会挂满冰晶，如玉树琪花，曼妙奇绝，时有薄薄的冰雾飘拂其间，在晨曦晚霞的照射下，五光十色，使人觉得身入冰上秘宫，人在王母仙居。

石林奇观——三仙论道

石林奇景接天地

　　天峻山上的石林群是一道
独特而亮丽的风景线。在山南
侧的山坡沟沿中，绿草如茵，
溪水奔流。有无数巨石拔地而
起，高者百丈，低者数米。造
物主赋予每块石头以不同的形
态，有的由高低不一的几块巨
石集结成阵，如一队勇士即将
挥戈冲锋；有的则一石独立，

由巨石凝结成的童话世界

傲骨铮铮；有的则群卧不起，似甜睡在地母怀中；还有的如
塔楼古堡、如怪兽出洞、如驼队远行、如贤人参禅、如美女凌
波，惟妙惟肖，千奇百怪。为了使这些石林更有灵性，造物又

配它们以不同的色彩，有朱红、鹅黄、浅紫、玉白、翠绿……这缤纷斑斓的色泽，使这些石林更显得生机勃勃，神秘莫测，雄浑大气。当你进入天峻山石林时，你会情不自禁地要赞叹造物的神妙，天意之难测。你会觉得这是一幅气接天地的大画，是一处由巨石凝结成的神话世界，一篇事关宇宙荒漠的交响乐章。

远古的画廊——天峻岩画撷英

  岩画是青海地区古先民生活的真实写照，以其看似简单的线条，在岩石上刻画出了以狩猎为主的原始生活大场景，生动地再现了先民们的生存方式、价值观念、原始宗教、图腾崇拜、艺术造诣以及审美情趣。画面有的激烈紧张，有的温情缱绻，有的神秘莫测，其共同点是表达了先民们的自我意识、顽强的生命力和愿与天地和谐

画做的天书 先祖的留言

天峻岩画中的骆驼、马、牦牛

神秘的岩画

永存的强烈愿望。

在青海的岩画中，天峻县卢山岩画的文化意蕴、艺术造诣在中国岩画史上名列前茅。这些画面形成的年代跨度大致在公元前1600年至公元700年之间。其作者应以卑禾羌人、乙弗人、吐蕃人为主。这些民族曾先后在这片土地上繁衍生息，他们都在卢山的岩石上留下各自的生存遗迹。

岩画刻在卢山的山丘上。此地海拔3000米，相对高度约40米，山下地势开阔，水草丰美，景色如画。岩画刻画在39块岩石上，个体形象270余个。画面的动物形象有野牦牛、鹿、羚羊、虎、豹、鹰、马、羊、驼、野猪、狐、狗、双头兽等；人物形象有射猎、车猎、角斗、交媾；符号形象有大山、树木、古藏文六字真言等。现挑几幅代表作加以介绍。

（1）车猎图。一猎人驭两轮三驾马车猎野牦牛。箭中野牛之眼睛，箭着点用线条标出，此种表现方式极为罕见。说明远古时代，天峻地区的先民已能驾车行猎。 (2) 猎者受伤图。车猎者被野牛撞得人仰马翻，说明了狩猎的艰辛危险。 (3) 决斗图。两位裸体武士持满弓对射，划线为界，已有了决斗的规则。箭头相接，说明战斗的激烈。 (4) 交媾图。此画分上下两部，上部画面为实，下部画面为虚，是上图的补充。意象是一次交媾的过程，曲线象征男性生殖器，虚点象征女性生殖器。男欢女爱之情及企求子孙众多的愿想，都用众多圆点隐喻地表示出来，表现手法高超，蕴含浓厚，妙处难以为君说，此为岩画生殖器崇拜系列画中的绝作。 (5) 射虎图。画面上有一只斑斓猛虎闯进了牛马群中。一猎人搭弓射箭，虎作逃奔状。虎身上纹饰华美，臀部饰圆圈纹，肩部饰鸟足纹，虎尾呈长曲线，以示虎的威猛并有了强烈的动感。猎人腰悬的是缒杖，头戴法帽，下垂生殖器加以放大，以显猎人的雄健和他的身份，这可能是一幅萨满巫师行法图。

车猎图

岩画的本意是行巫术祭祀，故具有了一种特殊的神秘感和穿越时空的艺术魅力，非常吸引人的眼球。今人观岩画，在苍凉恬淡的大底色上，以天地为画框，从这些恢宏的画图中，我们看到的是

射虎图

3000 年前古先民生活的场景。有缘深入万山丛中，似与先民们同喜同悲。便会有一种返璞归真，本我认知的情怀涌动于心田，感悟岁月悠悠，千古一瞬！你仿佛看得到野牛群奔腾之雄风；猎人的飞镝声声，中箭猎物无处逃遁；雪豹在峻岭之巅腾挪怒吼；驼群在旷原上从容迈步；雄鹰展翅翱翔于蓝天白云之间；先民们口诵祭天的祷词直达天庭。这一切都是一种精神的特殊享受。

民间：
祈福吉祥洞

　　藏民族爱山、敬山之情与生俱来，他们把大山看成是有灵性的神祇。天峻县舟群乡的草原上，有一座孤立的小山叫扎喜郡乃。藏语意为吉祥之源，又说这山是吉祥仙女的化身。这山虽只有300多米高，但孤立于大草原之中，形如宝塔，很有神气。原因是此山青白如玉，山上有两个上下相通的山洞，形似女阴。当地的习俗是把初生的婴儿，由父母抱到洞前，从上洞放入，由下洞接出，这孩子就算是从吉祥之源中走出来了，则一生平安，百病不生，长命百岁。此山的左右各有一小泉眼，形状很像两个饱满的乳房。这自然是吉祥仙女之丰乳了。左泉叫"曼拉之曲"，右泉叫"卓玛毛曲。"取两泉之水饮之、洗之则能祛病消灾。山腰还有一洞，曾是高僧大德闭关修行之所。洞前有一井，不知深浅，旱不涸，涝不溢，其前还有一佛塔，使这座神山更显得庄严肃穆，佛气盈盈。

神奇的扎喜郡乃神山

西部三镇

德令哈市

柴达木西部由茫崖、冷湖、大柴旦三个行委组成。所辖面积占盆地总面积的近一半，洪荒是它的外表，富饶是它的内涵。柴达木矿产资源的一半就埋藏在西部的大地下。其资源种类之多，储量之巨，品位之优，位居全国同类资源储量之前茅。

往事:
柴达木最早的资源开发区

柴达木西部由茫崖、冷湖、大柴旦三个行委组成。所辖面积占盆地总面积的近一半，洪荒是它的外表，富饶是它的内涵。柴达木矿产资源的一半就埋藏在西部的大地下。其资源种类之多，储量之巨，品位之优，位居全国同类资源储量之前茅。柴达木资源的开发，就是从西部三镇最早起步。一代代柴达木人，就是从这里打开了聚宝盆的大门。

世居柴达木的先民们很早就对这个聚宝盆有所认知。20世纪50年代初，曾在锡铁山发现一通石碑，上刻"咸丰十一年铅局"字样。说明160多年前，当地政府已在这里设铅局开采铅锌。这通碑现存在中国历史博物馆。这可是有文字记载柴达木地下资源最早的开发物证。

实际的开发可能早于清代咸丰年，因为铅锌易采炼，所以当地的蒙古族、藏族的牧民骑马而来，随手拾起一些大小适中的铅矿石，再拾一些木柴、兽骨，垒成一个塔形炉，将矿石夹在其中，从下面点火，等柴骨烧成了灰，灰堆下就有一块银色光泽的铅饼。再在砂地上用圆头小木棍戳些圆眼，将铅饼溶化后一一浇铸，冷却后稍加修饰，几百发火绳枪的子弹就算做成了，可以拿去与猎

铅矿石

锌矿石

人们做兽皮交易。也可带到湟源换取挂面、茶叶等物品。这个过程说明了这里铅锌之多和开采之易。当然，这只是原始的手工开采。新中国成立后，大规模的盆地资源勘察活动，也是从盆地西部开始的。其后现代化的采矿、采油业也是从这里兴起的。因此，柴达木西部诸镇在青海的矿产开发史上占有重要的位置。

人文：
阿吉老人的贡献

　　说起阿吉老人，老一辈的柴达木人都对他心怀敬意，因为他是对开发柴达木西部作出过重要贡献的人。

　　阿吉是新疆的乌兹别克族人。幼年家境贫寒，随父到处经商，1914 年，阿吉到茫崖阿拉尔做小本生意，与当地蒙古族人和睦相处。由于他阅历广、知识多，为人耿直，买卖公平，故在西部地区很有些声望。1945 年，当局以私通共产党的罪名将阿吉和他的岳父关进牢狱，一直到 1947 年，才由亲戚们变卖家财，把他们从狱中赎出。身无分文的他只好开荒种地，艰难度日。

　　解放初，当进入新疆的解放军得知阿吉熟知新疆到柴达木盆地的地理情况时，就请他当剿匪的向导。从 1949 年至 1954 年，他历经千辛万苦，很好地完成了向导任务。

　　盘踞在柴达木西部的残匪被全部消灭后，阿吉老人又开始了新的工作。1945 年，他担任了进入盆地的第一个地质勘探队——先锋 632 队的向导。此后，他一心扑在找矿上。在他的向导下，地质队踏遍了柴达木盆地西部的山山水水。只要有阿吉，地质队员们就不怕迷路，不怕找不到矿，不怕成群的狼。在阿吉的向导下，在茫崖找到了大型石棉矿；在其后成为西部石油基地的油砂山、油墩子、油泉子等，它们的发现与阿吉老人有着直接的关联。

阿吉老人对柴达木做出的贡献，得到了柴达木人的一致好评，把他视为建设柴达木的楷模。1956年，陈毅元帅视察柴达木时，在茫崖亲切接见了阿吉老人，感谢他为开发柴达木做出的贡献。

景点：
走进魔鬼城——中国最大的雅丹地质公园

造化匠心独运

古堡连环

乘汽车行至茫崖行委鱼卡镇，柴达木盆地雄浑坦荡的胸怀，就会渐渐展现在你的眼前。那漫漫无际的黄沙，闪烁着银光的戈壁，一直铺到天尽头。这里上不见飞鸟，下不见小草，是一派天地洪荒的大景观。身处其中，无论你是谁，都会感受到一种无边的寂寞和孤独，情不自禁地会盼望着有人出现、有鸟飞过、有花开放，哪怕是小小的一片绿色。突然，在那遥远的地平线上，从天幕中，影影绰绰、朦朦胧胧中，显出一些奇形怪状、大小不一、高低错落的由土和沙岩形成的土林群。这就是中国最大的"雅丹地貌"群，总面积2.2万平方公里，行政区划分属茫崖和大柴旦行委。

千佛聚首

"雅丹"，系维吾尔语，意为"土堆群"，是一种独特的风蚀地貌。在大柴旦镇以西的戈壁上，分布最为密集。由于亿万年的地质变迁，这里形成了种类繁多、硬度不同、厚度有别的岩层和

魔头问天——魔鬼城一景

地表。那强劲的西风，夜以继日、年复一年地精雕细刻，经过大自然千百年的匠心独运，终于在这天荒地老的戈壁大漠上，造就了一处处独立于天地混沌之中，场面极大的雕塑群。其形千奇百怪，如南瓜梁的"千舟竞发"、南八仙的"魔鬼城"、大风山的"王者祈祷台"，还有"秦城汉关"、"古堡连环"、"蘑菇奇林"等，都是上佳的景点，各具奇妙之处，美不胜收。进入这些巨大的雕塑群，你会情不自禁地赞美大自然的能量无极和妙手生花。

踏进被称为魔鬼城的土林，那奇形怪状的残垣断壁、危楼斜宫，立即把你带入一个神秘的幻境，这一切好像是一个凝固了的梦境。当你独自一人，穿行在魔鬼城的曲径深巷时，在万籁俱静之中，你的内心也会渐趋空寂，胆怯起来。突然，你会觉得那状如窗棂的土崖缝隙中、那断裂了的塔楼中、那深幽黑暗的古洞中，似有几双幽幽的亮眼在执着地盯着你，盯得你背心透凉。猛地，身后传来了一声轻微而悠长的叹息声，顿叫你毛骨悚然。惊回首，这声音不过是一股细沙从崖头上倾泻下来发出的声响。时有天风吹过头顶，其声带着凛凛的钢音，如万箭齐发，擦着头皮而过。呀！这魔鬼城却有着几分魔气。这些以天地为画廊的雕塑群，在大漠上屹立了千万年。千万年的风沙，锤炼出它们不屈却孤傲的性格，造就了一种苍凉而壮丽的美。它们是不畏风刀沙剑的斗士，用它们的形象来比喻几代柴达木盆地开拓者们的共同性格，是再恰当不过了。

这里原本只有大的地望，而无具体的地名。是 20 世纪 50 年代初活跃在这一带的地质队员们，给这里赐以了富有色彩的地名，很有时代特征。

天鹅湖上话天鹅

辽阔的戈壁望不到边，
云彩里悬挂着昆仑山。
镶着银边的尕斯库勒湖哟，

闺密私语

湖水中映着宝蓝的天，

这样美丽的地方哪里有？

我们的柴达木就像画一般。

　　这首诗是著名诗人李季，在 1954 年到柴达木盆地采风时，以如火的笔触，赞颂了柴达木和尕斯库勒湖。

　　在盆地的西北端，从巍峨的昆仑支脉尕斯山中，清澈的阿拉尔河奔腾而出，泻玉溅珠，直扑戈壁大漠，化作了一片漫漫涣涣的沼泽湿地，在这片水草丰茂的莽原中心，静静地横卧着美丽无比的尕斯库勒湖。湖水蔚蓝清纯，如一面巨大的蓝色宝镜镶嵌在褐色的戈壁大漠中。从飞机上鸟瞰尕斯库勒湖，像是一只洞察天地的亮眼。

　　尕斯库勒湖水面有 100 多平方公里，湖周边大部分的地方由高大的芦苇环围，就像一道严密的绿色墙，又如一扇扇翡翠的屏风把湖水围起来。而有些湖岸，却是千丈细沙，如灿灿白银。这银白的

比翼双飞

柔情似水　佳期如梦

沙与湛蓝的湖水相互映衬着，恰如蓝宝石上镶上了白银的边。湖的四周是宽 10 多公里的沼泽带，其间有清澈的小溪自由自在地四处流淌；有几个碧玉般的小岛探出水面，相互张望；还有几个小湖泊，相互间似断还连，真像一串明亮的珍珠项链。这一切，给尕斯库勒湖增添了无限的风光和秀色。每当盛夏来临，绿草茵茵如地毯铺满天涯，蓝天中白云悠悠，湖光山色中百花竞放，群鸟飞翔……当你有机会漫步在尕斯库勒湖边时，你的心灵将会不由地被深深感动。在这荒凉的大漠深处，也竟是姹紫嫣红开遍，是这般花迷人眼！

尕斯库勒湖，蒙古语"天鹅湖"之意。距柴达木西部重镇花土沟 30 多公里。由于地处偏僻，人迹罕至，竟成了鸟类的天堂。在这里栖息的鸟群，种类之多，种群之大，远远超过了闻名遐迩的青海湖鸟岛，这一点世人知之者甚少。

每年四五月，有无数只候鸟，从温暖的南方，经过万里征程，来到孕斯库勒湖安家落户，生儿育女，那景象壮观美丽到极致。

各类候鸟都是结群迁徙。当麻鸭和黄鸭群来临时，他们飞得较低，欢快地鸣叫着，铺天盖地。群体在空中盘旋时，分合不定，就像五色斑斓的彩云在飘动。在经过一番居住地的选择后，终于消失在湖水和沼泽的深处。那大雁、黑颈鹤、白鹭、水鸭、海鸥等各种鸟来临时，队形不一，歌声有别，翩翩舞姿也各有千秋，叫人目不暇接。而最好看的要属大天鹅了。深秋，天高云淡，碧空如洗，在天幕的深处，渐渐飘来一大片洁白的云。飘飘荡荡，舒卷自如，变幻不定，这片"云"终于移到了湖的上空。原来那白云是无数列队成"人"字形的天鹅。他们的鸣声浑厚，在湖的上空盘旋几圈，落到湖面上时，那原本平静如镜的湖水，立即被耀眼的白锦缎遮盖了起来。天鹅开始嬉波对舞，悠闲游弋，令人神往。

天鹅们一旦结为连理，便终生相守，白头到老，中途丧偶也不再婚配。从无什么"感情破裂"、"第三者插足"等情感危机。每一对大天鹅夫妇，白日里成双成对，形影不离，夜晚入巢则紧紧依偎，相互梳理羽毛，互诉衷肠，其音低沉柔和，夜深了才交颈而眠。这美丽而可爱的生灵，好像具有某种更高层次的情感，甚至能与人进行感情交流。难怪古今中外，都把天鹅比作仙子，演绎出一些感人至深的传说来。

赞布是一位心地忠厚的蒙古族牧民。20世纪70年代初，他在国营阿拉尔牧场当牧工。一个冬日的月夜，他在湖上找一头牛。突然，他听到了一声凄厉欲绝的天鹅鸣叫声。连忙寻声前往，很快在结了冰的湖面上，发现一只被狼咬伤的天鹅，守着一只已成一堆残皮断肢的天鹅不停地鸣叫。赞布抱着这只天鹅回到家，经他夫妻俩和女儿乌兰琪格的精心治疗和护理，这只天鹅活了下来，并成了赞布家的一员。这天鹅虽和家中的小狗、山羊、鸡同在一个食盆中进餐，但她从不和同伴们争食，总是谦谦礼让。当老鹰在天上盘旋时，这天鹅会向天大声呼叫，并张起翅膀转大圈，使老鹰无机可乘。她对赞布好像有着更深一层的情感，当别人还没听见赞布回家的马蹄声时，天鹅已等候在门口了。主人进门后，她就迎上去，用那嫩黄的嘴轻轻地啄啄赞布的手，表示亲切。天鹅与乌兰琪格简直就像一对小姐妹，能做出很多叫人想也想不到的玩法。第二年夏日的一天，赞布在离家很远的牧场上放牧羊群。猛地，他看见他家的天鹅直直地向他飞来，惊恐急促地鸣叫着，在他的头顶盘旋。赞布立即明白家中出了什么事。妻子去亲戚家帮剪羊毛去了，家中只有暑假归来的乌兰琪格。

赞布策马飞奔，天鹅先他而去。一进家门，看见女儿乌兰琪格横躺在台阶上，已昏迷了过去。只见天鹅用她的翅膀不停地向女儿煽着、鸣叫着。那声音真像是大姐姐在呼唤着小妹妹快快醒过来。赞布的眼中涌出了泪水，一半为女儿，一半为天鹅。由于抢救及时，患了突发性胃痉挛的小乌兰很快就康复了。从此，赞布逢人就说天鹅是仙女。此后，赞布成了一名远近闻名的天鹅守护者。

朋友，在尕斯库勒湖，你会观察到生命在这里是多么的绚丽多彩、生命与生命在这里是多么的完美和谐。

亿万年沧桑的见证——古树化石群

在大柴旦南八仙地区，一条干涸了的河床上，生长着稀疏的沙棘植物，景色荒凉沉寂，视野十分辽阔。十多年前，在这里发现了不少古树的化石。树根的直径最大的有1.3米，树干最长的一段30多米。化石分布面积约2万平方米。地表下尚未进行科学发掘，是一个有待破解的自然之谜。2008年，被列为省级文物保护单位。据古生物学家考证，这些古木化石形成于1.5亿年前的侏罗纪，其种类为苏铁、银

亿万年沧桑的见证——柴达木古生物化石

柴达木的古生物化石

杏等远古乔本植物。说明在亿万年前，柴达木西部森林茂密，雨水充沛，各类动植物都在这里繁衍生息，是一方生机勃勃的乐土。

这些木化石，色彩丰富，其形各异。质地似玛瑙、美玉，敲之有美声。它们是柴达木亿万年沧桑的见证者。有着很高的科研和观赏价值，是盆地西部最奇妙的一道风景线。

走近锡铁山

在柴达木这座举世闻名的聚宝盆中，锡铁山是一颗最为耀眼的宝珠。进了盆地，如果不去看看这座宝山，你会感到遗憾。因为只要到了锡铁山，你就无须天神相助，也不必高喊"芝麻开门！"大自然早就将无数的金银财宝聚集在一起，呈现在你的面前。人人都有机会做一次阿里巴巴的亲身体验，感受到聚宝盆神奇的魅力。

锡铁山离西宁700公里，距格尔木市137公里。青藏铁路、格敦公路都从矿区穿过，交通十分方便。从锡铁山车站下车，举目北望，在苍苍茫茫的大戈壁上，一座大山拔地而起，雄峻突兀，山色怪异，立即给人一种迷幻神秘的感觉。整座山通体明黄，其间又夹以松绿，淡紫；山顶崖头，嶙峋的岩石却多为深褐色。

原来这座大山，遍地都是铅矾、铅黄、自然硫、褐铁等矿脉的露头，经千万年的风化，不同矿物的氧化层颜色都不一样。因此，地表就显出五色斑斓，像一件巨大的彩衣，把宝山装点得分外妖娆。

运气好的人，还会在山的某处，看到一种神奇的闪光，如宝石花一样灿烂，如赤金一样辉煌，一缕缕，一道道，似电光石火，炫人眼目，瞬间即逝。这奇景往往是在朝霞满天，或落日余晖时出现，原来在那层明黄的氧化层下，就是铅、锌、锡等高品位的矿带，方解石、水晶石、孔雀石的露头，还有那金光闪烁的黄金颗粒。这些矿物的矿苗，在阳光的照射下，在一定的位置上，就会闪出夺目的光彩，示宝相于人间。

锡铁山是一座品位特高，储量巨大的铅锌矿。在130平方公里的范围内，储藏铅锌3 000万吨，还伴生有大量的金、银、锑、镉、锰、镓、铟等多种贵重的稀有金属。其种类之多，品位之高，在国内外均属罕见。因此，被国际矿物学会和矿物命名委员会确认为是一种新矿物。锡铁山是中国最大的铅锌矿床，因此，地质专家们作出了很有把握的预报："锡铁山将会成为中国未来铅锌之都。"

民间：
南八仙地名的由来

在柴达木西部有一处名为南八仙的地方，无人不知。但这个地名的来由，今已鲜为人知。原来，这是柴达木地质勘探队员们起的地名。

从1954年起，陆续有多个地质队进入柴达木。那时候盆地还处于原生态，进入西部，惟见戈壁漫漫、黄沙遍野、难辨东西。时有沙暴降临，日月无光，天昏地暗，沙如帐幕，淹没一切。有八位女地质队员遭遇沙暴而牺牲。她们正当豆蔻年华，憧憬着美好未来却为祖国的建设、为开发柴达木而献出了宝贵生命，就连遗体也没找到。悲痛万分的同伴们，就将她们遇难之地起名南八仙。在大漠深处，有最壮美的八座雅丹地貌，很像八位神态各异的女神，据说这就是八位女地质队员的英魂幻化而成。

"南八仙"是个响亮而美丽的名字，八位女地质队员将与天地共存，流芳百世。

致谢之言

　　本书所用的图片均出自省内外摄影家之手。他们用镜头记录了柴达木盆地的美丽、神秘和古老；他们用镜头抒发了对这方高天厚土的热恋，对自然与生命的思考和讴歌。其中，有不少作品曾获国内外摄影展的各类奖项。因此，大师们的作品成为本书最吸引读者眼球的看点，也为提升本书品位给予了不可或缺的支撑。特别是吾的老友、都兰县委书记、中国摄影家协会会员、海西州摄影家协会名誉主席张纪元先生，在百忙中，为本书图片的搜集、选用、考定提供了最直接的帮助，在此谨表最真挚的敬意！

　　有个别图片，作者无从查寻，未能入摄影作者名录，深表歉意，万望海涵，允礼缺后补。

程起骏　敬上

2013 年 10 月

本书摄影作者 (排名不分先后，共 34 位)

罗朝阳	张纪元	杨东亮	马才让加	包玉莲	朱建平	王　浩	崔春起	陈生贵
贺西京	乌希勒	孟延军	可可西里	王　磊	苗渭宁	窦　寿	莫佳寅	沈传立
刘家赢	时成贵	董才良	胡志勇	关海彤	王启功	张进义	王　玫	勒玉州
陈贵州	张永吉	姬延海	戴有春	尚海忠	史永红	韩青林		